高等学校电子信息类系列教材

光学测量技术

主编　周言敏　李建芳　王　君

西安电子科技大学出版社

内 容 简 介

本书由光学测量技术和光学测量实验两部分组成。主要内容包括光学测量基础知识、常用光学测量仪器及基本部件、光学玻璃的测量、光学零件的测量、光学系统特性参数的测量、光学系统光度特性的测量、光学系统像质检验与评价，以及 7 个典型光学测量实验。在选材上既强调科学性、实用性，又注意吸取大量新的测试理论和技术，保持教材的先进性。每章后面附有大量思考题和习题，以加深和巩固读者对光学测量理论的理解及应用。

本书可作为应用型本科及高职院校光电专业的专业课教材，兼作精密仪器、检测技术及仪器仪表、光学计量测试等专业的选用教材，也可作为相关行业岗位培训教材及科技人员的参考书。

图书在版编目(CIP)数据

光学测量技术/周言敏，李建芳，王君主编.
—西安：西安电子科技大学出版社，2013.10(2022.11 重印)
ISBN 978 - 7 - 5606 - 3214 - 8

Ⅰ. ① 光…　Ⅱ. ① 周…　② 李…　③ 王…　Ⅲ. ① 光学测量—高等学校—教材　Ⅳ. ① TB96

中国版本图书馆 CIP 数据核字(2013)第 233659 号

策　　划　邵汉平
责任编辑　邵汉平　段　蕾
出版发行　西安电子科技大学出版社(西安市太白南路 2 号)
电　　话　(029)88202421　88201467　　邮　编　710071
网　　址　www.xduph.com　　　　电子邮箱　xdupfxb001@163.com
经　　销　新华书店
印刷单位　陕西天意印务有限责任公司
版　　次　2013 年 10 月第 1 版　2022 年 11 月第 4 次印刷
开　　本　787 毫米×1092 毫米　1/16　印张 12.5
字　　数　292 千字
印　　数　5501～6500 册
定　　价　29.00 元
ISBN 978 - 7 - 5606 - 3214 - 8/TB

XDUP 3506001 - 4

＊ ＊ ＊ 如有印装问题可调换 ＊ ＊ ＊

前　言

近年来，光学制造业的迅猛发展，对光学测量技术提出了新的要求，而干涉技术、光电子技术和激光技术的快速发展又为光学测量技术的提高提供了很好的条件。光学测量技术的发展对从事光学测量的人员也提出了较高的要求，高素质的应用型职业技能人才的需求量不断加大，与之对应，在高职院校和应用型本科院校开设光学测量技术课程的学校也越来越多。但是，目前适用于上述院校的光学测量教材却不多。为了满足教学和生产实践需要，我们组织了实践经验和教学经验非常丰富的教师编写了本教材。

本教材以就业为导向，以能力培养为目标，按照高职院校和应用型本科院校对该课程的课程标准，并参照相关国家职业标准及有关行业的职业技能鉴定规范编写而成。编写中特别注意了教材内容的先进性和实用性，具有一定的深度和广度。在章节划分上，坚持以测量技术为主线，并兼顾测量对象。这样安排有利于培养学生分析问题、解决问题的能力，既适应光学课程的教学要求，又可满足科研、生产实践的需要。

本书由光学测量技术与光学测量实验两部分组成，依次介绍了光学测量基础知识、常用光学测量仪器及基本部件、光学玻璃的测量、光学零件的测量、光学系统特性参数的测量、光学系统光度特性的测量及光学系统像质检验与评价，并安排了 7 个典型实验，各章均列有一定数量的思考题和习题。

光学测量是研究光学量的测试和非光学量以光学方法检测的一门学科，其理论基础是应用光学、物理光学、误差理论与精度分析、光电技术及计算机技术等有关知识。它是一门专业课，与光学设计、光学加工工艺及光学薄膜等课程密切相关，同时对培养学生的研究能力和实验技术起着十分重要的作用。

本教材由周言敏、李建芳和王君主编。其中，周言敏编写了第 1、2、4、7 章，全部实验技术，思考题与习题；李建芳编写了第 5、6 章；王君编写了第 3 章。

本教材在撰写过程中得到重庆电子工程职业学院王正勇教授、彭克发教授，天津大学王晋疆教授及重庆傲飞光学薄膜有限公司、国营第三零八厂、重庆天缔光电有限公司、重庆莱特光学仪器公司、河南工业职业技术学院光电工程系等单位领导的大力支持和指导，在此对他们和为本教材的出版付出艰辛劳动的相关人员表示衷心感谢。

由于编者水平有限，书中错误及不足之处在所难免，敬请各位读者批评指正。

编　者

2013 年 6 月

目　　录

第1章　光学测量基础知识

本章首先介绍光学测量的基础知识、误差来源及数据分析的方法，其次重点介绍人眼的特性及目视光学仪器的瞄准误差，最后介绍目前较新的光电瞄准技术。

教学目的

1. 掌握光学测量的基本概念和测量方法的组成要素。
2. 掌握测量的分类及基本物理量和单位。
3. 掌握测量过程中误差来源分析和测量结果的数据处理方法。
4. 掌握人眼及目视光学仪器的瞄准误差。
5. 掌握光电瞄准技术的原理及方法。

技能要求

1. 能够根据测量目的，合理选择测量方法。
2. 掌握等精度测量的数据处理方法。
3. 掌握目视光学仪器瞄准误差的计算方法。
4. 掌握光电瞄准技术的基本原理。

1.1　测量的基本知识

1.1.1　测量的概念

测量就是将被测量与一个作为计量单位的标准量进行比较，并确定出被测量是计量单位的几倍或几分之几的过程。

若以 L 表示被测量，E 表示计量单位，则比值为

$$q = \frac{L}{E} \tag{1-1}$$

于是，只要读出 q 值，就可得出测量结果：

$$L = qE \tag{1-2}$$

1.1.2　基本物理量及其单位

物理量是物理学中量度物体属性或描述物体运动状态及其变化过程的量，它们通过物理定律及其方程建立相互间的关系。目前，在实践中引入的物理量的量纲是由国际单位制规定的七种基本物理量导出的。国际单位制的基本物理量有长度、质量、时间、电流、热力学温度、物质的量和发光强度，见表 1-1。

在国际单位制的有专门名称的导出单位中，与光学测量紧密相关的有两种，即光通量和光照度，见表 1-2。

表 1－1 　国际单位制的基本物理量及其单位名称和单位符号

量的名称	单位名称	单位符号
长度	米	m
质量	千克(公斤)	kg
时间	秒	s
电流	安[培]	A
热力学温度	开[尔文]	K
物质的量	摩[尔]	mol
发光强度	坎[德拉]	Cd

表 1－2 　国际单位制中光学量的导出单位

量的名称	单位名称	单位符号
光通量	流[明]	lm
光照度	勒[克斯]	lx

1.1.3 　测量方法的组成

测量方法是对特定的测量对象测量某一被测量时,参与测量过程的各组成因素和测量条件的总和。它包括以下几个方面:

(1)测量目的、被测对象和被测量:测量目的是指最终要求得的那个量;被测量是指直接与标准量进行比较的量,它本身也可以是测量目的;被测对象是指被测量的载体。以上三者都是确定测量方法的依据。

(2)标准量系统:是指用以体现测量单位的物质标准,用来与被测量进行比较,以便求得被测量。

(3)定位系统:用以确定被测量的合理位置。

(4)瞄准系统:用以确定被测量相对于标准量的位置,以便进行比较。

(5)显示系统:将测得量进行运算,并显示出测量结果或作为控制信号的输出。

(6)测量条件:任何测量都是在一定的条件下进行的,如环境、温度、湿度、压力、时间等。

由此可知,在拟定了测量方案之后,完成一个测量过程通常需要经过以下几个步骤:

(1)定位。定位就是按测量原则调整标准量和被测量至合适的位置。由于定位对测量原则的偏离将造成测量误差,因此,应设计、选择合适的定位方法。

(2)瞄准。为了进行比较,定位之后,必须使被测量的一个端点或该端点的像与标准量的某一位置重合,称为瞄准。瞄准是测量过程中基本的步骤之一,只有瞄准后,才能由标准量上读出被测量的大小。瞄准产生的误差将直接影响测量的精度,为了减小瞄准误差,必须要设计较好的瞄准方法。

(3)读数。瞄准之后,我们并没有得到关于被测量的数量概念,这只有在对两个瞄准位置读数(在标准量上)之后才有可能。读数是将瞄准位置用数字形式确定下来,就是瞄准位置的数字表现形式。读数也会产生误差,同样影响测量的精度,因此,还必须研究提高读数精度的措施。

（4）数据处理。得到测量的原始数据之后，就可求得被测量的大小，并可按测量原理方程式求得测量目的。同时，还要考虑到测量环境对测量结果的影响而进行必要的修正。最后，依据测量误差理论给出测量结果。目前，在一些自动化检测设备中，读数和数据处理都由仪器自动完成，并显示最后的测量结果，或作为控制信号输出。

1.1.4 测量的分类

对测量的分类可以从以下几个不同的角度进行。

1. 按获得测量结果的方式分类

从获得测量结果的方式来分，测量可分为直接测量和间接测量。

直接测量：测量目的就是被测量，此时，测量目的直接与标准量进行比较，从而求得测量目的的大小。

间接测量：在这种测量中，被测量不是测量目的。测量目的的大小，是通过与它有一定关系的被测量的测量，而间接地按已知的函数关系求得的。

2. 按比较方式分类

按照比较方式的不同，测量可分为绝对测量和相对测量。

绝对测量：通过与绝对标准量进行比较而实现的测量称为绝对测量。

相对测量：通过与相对标准量进行比较而实现的测量称为相对测量。相对测量直接得到的是对标准值的偏差。

3. 按接触形式分类

按照接触形式的不同，测量可分为接触测量和非接触测量。

接触测量：测量时，瞄准是通过量具或者量仪的触端与被测对象发生机械接触来实现的。

非接触测量：测量时，瞄准不是通过量具或量仪与被测对象发生机械接触，而是通过与其它介质（光、气流等）接触来实现的，或者说测量过程中的瞄准是非机械式的。

4. 按测量目的的数目多少分类

按照测量目的数目的不同，测量可分为独立测量和组合测量。

独立测量：只有一个量作为测量目的的测量。一般说来，它的测量原理可用一个方程式来表示。

组合测量：测量目的为两个及两个以上的测量。此时，测量原理必须用方程组来表示。

5. 按测量时所处的条件分类

按照测量时所处条件的不同，测量可分为等精度测量和非等精度测量。

等精度测量：在同一条件下进行的一系列重复测量，称为等精度测量。如每次测量都使用相同的方法、相同的仪器、在同样的环境下进行，而且每次都以同样的细心和注意程度来工作等。

非等精度测量：在多次测量中，进行每一次测量时，若对测量结果精确度有影响的一切条件不能完全维持不变，则所进行的一系列重复测量称为非等精度测量。

6. 按实用情况分类

按实用情况的不同，测量可分为实验室测量和技术测量。

实验室测量：这类测量需要考虑测量误差的数值，其任务是给出测量误差的值。

技术测量：这类测量只需要考虑误差的上限值，而不考虑误差的具体值，其任务是给出测量目的的最佳值及误差的极限值。

除了上述对测量进行的分类外，还可按测量时被测量所处的状态，将测量分为静态测量和动态测量，这里不再详述。

1.2　测量误差及数据处理

1.2.1　量的真值和残值

量的真值是指一个量在被测量时，该量本身所具有的真实大小。量的真值是一个理想概念，一般来说真值是不知道的。在实际测量中，常用被测量的实际值或已修正过的算术平均值代替真值。所谓实际值，就是满足规定准确度的用来代替真值使用的量值。

残值也叫残差，是指测量列中的一个测得值 a_i 和该列的算术平均值 a 之间的差值 v_i，即

$$v_i = a_i - a \tag{1-3}$$

1.2.2　测量误差的来源和分类

总的来说，测量误差产生的原因可归纳为以下几种：

（1）测量装置误差：来源于读数或示值装置误差、基准器（或标准件）误差、附件（如光源、水准器、调整件等）误差和光电探测电路误差等，按其表现形式可分为机构误差、调整误差、量值误差和变形误差等。

（2）环境误差：温度、湿度、气压、照明等与要求的标准状态不一致或由于振动、电磁干扰等导致的误差。

（3）方法误差：由于测量采用的数学模型不完善，利用近似测量方法等引起的误差。

（4）人员误差：由于人眼分辨率限制、操作者技术水平不高和固有习惯、感觉器官的生理变化等引起的误差。

有时候被测件本身的变化也可造成误差。

测量误差按其特点和性质，可分为系统误差、偶然误差（随机误差）和粗大误差三类。

（1）系统误差：在偏离测量规定条件时或由于测量方法所引入的因素，按某确定规律引起的误差。

系统误差可按对误差掌握程度分为已定系统误差（大小和符号已知）和未定系统误差。系统误差可用理论分析或实验方法判断，对已定系统误差用加修正值的方法消除。

（2）偶然误差：也称随机误差，是指在实际测量条件下，多次测量同一量时，误差的绝对值和符号以不可预定的方式变化的误差。但偶然误差就整体而言是符合统计规律的。

（3）粗大误差：超出规定条件下预期的误差。如读错或记错数据、仪器调整错误、实验条件突变等引起的误差。含有粗大误差的测量值应当删除。

1.2.3　偶然误差的评价

对于偶然误差的评价，由于单个误差的出现没有规律性，因此采用标准偏差、平均误

差、或然误差及极限误差等表明某条件下一组测量数据的精密度。其中，常用的是标准偏差和极限误差。

测量列中单次测量的标准偏差 σ_0 是表征同一被测量值的 n 次测量所得结果分散性的参数，按下式计算：

$$\sigma_0 = \sqrt{\frac{\sum_{i=1}^{n} d_i}{n}} \qquad (1-4)$$

式中：d_i 为测量得值与被测量真值之差。

极限误差是指各误差实际上不应超过的界限。极限误差由 $\pm t\delta_0$ 确定，t 为系数，它由偶然误差分布决定。偶然误差主要有以下三种分布。

1. 正态分布

当由测量过程中多个互不相关的因素引起测量值微量变化而形成偶然误差时，量值的误差分布服从正态分布。由于大多数偶然误差服从正态分布，所以正态分布是极其重要和有用的。

正态分布具有如下特征：

对称性：绝对值相等的正误差和负误差的概率相等。

单峰性：绝对值小的误差比绝对值大的误差出现的概率大。

有界性：在一定的测量条件下，偶然误差的绝对值不会超过一定的限度。

抵偿性：偶然误差的算术平均值随着测量次数的不断增加而趋于零，即

$$\lim_{n \to \infty} \frac{1}{n} \sum_{n=1}^{n} \delta_i = 0 \qquad (1-5)$$

正态分布的标准偏差 σ_0 和极限误差 Δ 的关系为

$$\Delta = 3\sigma_0 \qquad (1-6)$$

2. 等概率分布

等概率分布又称均匀分布，偶然误差在区间 $[-\Delta，+\Delta]$ 内各处出现的概率相等，区间外概率为零。显微镜或望远镜对物体进行调焦时，调焦在景深范围内任一点，像均是清晰的，超出景深范围就不清晰了，所以调焦误差服从等概率分布。

等概率分布的标准偏差 σ_0 和极限误差 Δ 的关系为

$$\Delta = \sqrt{3}\sigma_0 \qquad (1-7)$$

3. 三角形分布

概率密度函数曲线呈三角形。测角仪和经纬仪轴系晃动产生的角值误差服从三角形分布。

三角形分布的标准偏差 σ_0 和极限误差 Δ 的关系为

$$\Delta = \sqrt{6}\sigma_0 \qquad (1-8)$$

1.2.4 算术平均值和残差

对某一量进行一系列等精度测量，测得值为

$$x_1，x_2，\cdots，x_n$$

取算术平均值，有

$$\bar{x} = \frac{1}{n}(x_1 + x_2 + \cdots + x_n) \tag{1-9}$$

此时式(1-3)中的 v_i 应为偶然误差 δ_i，由该式求和得

$$\sum_{n=1}^{n} \delta_i = \sum_{i=1}^{n} x_i - n\bar{x}$$

$$\bar{x} = \frac{1}{n} \sum_{i=1}^{n} x_i - \frac{1}{n} \sum_{i=1}^{n} \delta_i$$

由于偶然误差的抵偿性，当 $n \rightarrow \infty$ 时，$\sum_{i=1}^{n} \delta_i \rightarrow 0$，故

$$\bar{x} = \frac{1}{n} \sum_{i=1}^{n} x_i$$

可见，当测量次数 n 无限增大时，算术平均值趋于真值。当测量次数有限时，可把算术平均值近似地视为真值。因此，测量中用算术平均值表征真值。

各测得值与算术平均值之差代表残差。残差有以下两个性质：

(1) 当 $n \rightarrow \infty$ 时，残差代数和为零，即

$$\lim_{n \rightarrow \infty} \sum_{i=1}^{n} v_i = 0 \tag{1-10}$$

(2) 残差的平方和为最小，即

$$\sum_{i=1}^{n} v_i^2 = \min \tag{1-11}$$

1.2.5　算术平均值的标准偏差

真值往往是无法确切知道的，只能用算术平均值代替真值，又由于测量次数总是有限的，因此标准偏差只能由残差计算出的所谓标准偏差来估计。

在有限次数的测量中，用残差求出的 σ 估计 σ_0 的计算公式如下：

$$\sigma = \sqrt{\frac{\sum_{i=1}^{n} v_i^2}{n-1}} \tag{1-12}$$

算术平均值的标准偏差最佳估计值 $\sigma_{\bar{x}}$ 为

$$\sigma_{\bar{x}} = \frac{\sigma}{\sqrt{n}} \tag{1-13}$$

1.2.6　不确定度

不确定度 s 是根据测量误差表征待测量的真值处于某个量值范围内。精确计算不确定度是一个相当复杂的问题，因为有些值只能用经验或依靠其它已知条件估算。为简便起见，可以用算术平均值标准偏差估计值乘某一系数来估算，即

$$s = k\sigma_{\bar{x}} \tag{1-14}$$

其中，k 可取 3，认为测量的不确定度 s 等于 3 倍算术平均值标准偏差估计值。

1.2.7 粗大误差的判断

常用的粗大误差判断准则有五种：拉依达（PauTa）准则、格拉布斯（Grubbs）准则、肖维勒（Chauvenet）准则、狄克逊（Dicon）准则和 T 检验准则。

T 检验准则的判断步骤如下：

（1）将测得值由小到大排列为 x_1，x_2，$\cdots$，x_n。

（2）选定风险率 α，一般取 5% 或 1%。

（3）计算判定值 T。如果 x_1 或 x_n 是可疑的，则

$$T = \frac{\overline{x} - x_1}{\sigma} \quad \text{或} \quad T = \frac{\overline{x} - x_n}{\sigma}$$

（4）根据 n 和 α 查表 1-3 得 $T(n, \alpha)$ 值。若 $T > T(n, \alpha)$ 值，则相应的 x_1 或 x_n 就应舍去。

表 1-3 $T(n, \alpha)$ 值

α \ n	3	4	5	6	7	8	9	10	11	12
1%	1.15	1.49	1.75	1.94	2.10	2.22	2.32	2.41	2.48	2.55
5%	1.15	1.46	1.67	1.82	1.94	2.03	2.11	2.18	2.23	2.29

1.2.8 有效数字

关于有效数字值和计算法则应注意的问题：一切表示误差和精度的数字，一般都保留一位；测量结果数据的有效数字，应与结果的误差位数适应，即由测量误差确定测量结果的有效数字。

1.2.9 等精度测量数据处理步骤

1. 直接测量数据处理步骤

（1）计算算术平均值 $\overline{x}$；

（2）计算残差 v_i；

（3）计算标准偏差的估计值 σ；

（4）判断粗大误差，如有粗大误差，应删除，然后重新计算（1）、（2）、（3）步，直到无粗大误差数据出现；

（5）求算术平均值的标准偏差 x 估计值 $\sigma_{\overline{x}}$；

（6）求测量的不确定度 s；

（7）写出测量结果 $x = \overline{x} \pm s$。

2. 间接测量数据处理步骤

（1）计算间接测量值 v，$v = f(x_1, x_2, \cdots, x_n)$，一般是对某一值 x_i 直接测量，其余 x 值已知；

（2）计算间接测量值的标准偏差估计值：

$$\sigma_v = \sqrt{\left(\frac{\partial v}{\partial x_1}\right)^2 \sigma_{x_1}^2 + \left(\frac{\partial v}{\partial x_2}\right)^2 \sigma_{x_2}^2 + \cdots + \left(\frac{\partial v}{\partial x_n}\right)^2 \sigma_{x_n}^2}$$

（3）由 σ_v 确定测量结果的有效数字。

1.3 人眼及目视光学仪器的瞄准误差

1.3.1 人眼在测量中带来的瞄准误差

1. 瞄准误差的概念

对准：指在垂直于瞄准轴方向上，使目标和比较标记重合或置中的过程，又称为横向对准。对准残留的误差称为对准误差。

调焦：指目标和比较标记沿瞄准轴方向重合或置中的过程，又称为纵向对准。调焦残留的误差称为调焦误差。

在测量中对准误差和调焦误差都称为瞄准误差。

2. 对准误差

人眼的对准误差除与视场的照度、目标的对比度有关外，还与目标的形式（或对准方式）有关。图 1.1 给出了几种常见的对准方式及其可能产生的对准误差。

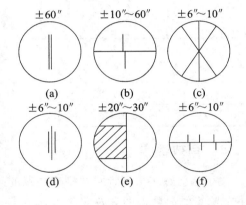

图 1.1 对准方式及其对准误差
（a）直线与直线重合；（b）单线线端对准；
（c）叉线对准；（d）夹线对准或置中；
（e）虚线与实线对准；（f）多线线端对准

3. 调焦误差

对于调焦误差，有两种计算方式。一种是用物像清晰作为定焦条件，可按下式计算：

$$|\Delta \mathrm{SD}| = \frac{8\lambda}{K_\omega n \Phi^2} \qquad (1-15)$$

其中：$\Delta \mathrm{SD}$ 为视度差；λ 为工作波长；n 为仪器物方介质折射率；K_ω 为波像差容限；Φ 为仪器物方实际工作孔径。

另一种是用空间的线量表示，可按下式计算：

$$\Delta l = \frac{8\lambda l^2}{K_\omega n \Phi^2} \qquad (1-16)$$

1.3.2 人眼通过目视光学仪器观察时的瞄准误差

1. 对准误差

1）望远镜观察

$$\gamma = \frac{\delta}{\Gamma} \qquad (1-17)$$

式中：γ 为人眼通过望远镜观察时的对准误差；δ 为人眼对准误差；Γ 为望远镜视放大率。

2）显微镜观察

在明视距离处，与人眼对准误差相应的横向距离为

$$\Delta y_0 = 250 \times \frac{\delta}{3438} = 0.073\delta (\text{mm}) \tag{1-18}$$

通过倍率为 Γ_M 的显微镜观察时，对准误差为

$$\Delta y = \frac{0.073}{\Gamma_M}\delta (\text{mm}) \tag{1-19}$$

2. 调焦误差

常用的调焦方式有清晰度法和消视差法。

清晰度法：以目标像和比较标志同样清晰为准，其调焦误差由几何景深和物理景深决定。

消视差法：以眼睛垂直于瞄准轴摆动时看不出目标像和比较标志有相对错动为准，调焦误差受到对准误差影响。

1）望远镜观察

（1）清晰度法。

极限误差：

$$\varphi = \left(\frac{0.29\alpha}{\Gamma D} + \frac{4\lambda}{3D^2}\right)(\text{m}^{-1}) \tag{1-20}$$

标准偏差：

$$\sigma_{TP} = \frac{1}{\sqrt{3}}\left(\frac{0.29\alpha}{\Gamma D} + \frac{4\lambda}{3D^2}\right)(\text{m}^{-1}) \tag{1-21}$$

式中：D 为望远镜物方的有效通光孔径；λ 为照明光波长（μm）；α 为人眼极限分辨角（分）。

（2）消视差法。

极限误差：

$$\varphi = \frac{0.58\delta}{\Gamma^2\left(D' - \dfrac{D_e}{2}\right)}(\text{m}^{-1}) \tag{1-22}$$

标准偏差：

$$\sigma_{TP} = \frac{1}{\sqrt{3}}\left[\frac{0.58\delta}{\Gamma^2\left(D' - \dfrac{D_e}{2}\right)}\right](\text{m}^{-1}) \tag{1-23}$$

式中：δ 为人眼对准误差（分）；D' 为望远镜出瞳直径；D_e 为眼瞳直径。

2）显微镜观察

（1）清晰度法。

极限误差：

$$\Delta x = \left(\frac{73n\alpha}{2\Gamma NA} + \frac{n\lambda}{3NA^2}\right)(\mu\text{m}) \tag{1-24}$$

标准偏差：

$$\sigma_{MP} = \frac{1}{\sqrt{3}}\left(\frac{73n\alpha}{2\Gamma NA} + \frac{n\lambda}{3NA^2}\right)(\mu\text{m}) \tag{1-25}$$

（2）消视差法。

极限误差：

$$\Delta x = \frac{73n\alpha}{\Gamma\mathrm{NA}} \frac{D'}{D' - \dfrac{D_\mathrm{e}}{2}} (\mu\mathrm{m}) \qquad (1-26)$$

标准偏差：

$$\sigma_{\mathrm{MP}} = \frac{1}{\sqrt{3}} \frac{73n\alpha}{\Gamma\mathrm{NA}} \frac{D'}{D' - \dfrac{D_\mathrm{e}}{2}} (\mu\mathrm{m}) \qquad (1-27)$$

由于人眼的生理特性，无论是对准还是调焦均有一定程度的误差。为提高对准和调焦精度，现在广泛采用光电对准和定焦。此外，为提高定焦精度，人们也常采取以下三种措施：

(1) 将纵向调焦变为横向对准，如半透镜定焦法；

(2) 利用人眼的体视锐度(10″)，如立体视差仪定焦法；

(3) 利用人眼的衬度灵敏度(5%)，如双星点定焦法。

1.4 光电瞄准技术

1.4.1 光电自动对准

用人眼对准，劳动强度大，效率低，精度差，而且易受主观因素影响，不便于测量自动化。为了克服上述缺点，人们发展了光电探测技术。光电探测不仅可代替人眼进行对准、定焦和读数，更重要的是可大大提高对准和定焦精度。另外，通过光电探测高准确度地提取信号并输入计算机中，计算机才能有效地进行实时控制和处理，实现测量的自动化，提高工作效率，扩大仪器的应用范围。近年来，以 CCD 传感器为代表的各种新型光电探测器发展很快，光电对准和光电定焦已越来越广泛地应用于各种测量仪器中。

目前，目视光学仪器选择好的对准方式，其对准误差通常只能做到 1″～2″和 2～3 μm，而采用光电对准装置后，其对准误差可达到 0.01″～0.1″和 0.01～0.02 μm，精度比目视对准要高一个数量级以上。

光电对准的基本思想是使目标(通常是刻线)成像在狭缝上，并在狭缝的后面安置光电接收器。光电元件通常总是固定不动的，因此，目标的像和狭缝两者之中有一个位置发生变动，透过狭缝的光通量便会发生变化，光电接收器就会输出变化的电信号，对电信号做适当处理，就可确定对准状态。

由此看来，获得目标的像和狭缝间的相对运动，至少有两种方案：其一是在射向狭缝的成像光路中设置摆动反射镜，使目标的像随着反射镜的摆动而相对狭缝运动，或者是使狭缝振动，这就是静态光电对准；其二是使目标(及其像)相对狭缝运动，这种对准为动态光电对准。

根据工作原理的不同，光电对准又可分为光度式和相位式。光度式是根据光电接收器接收的光通量大小的变化，来分析、确定对准状态；而相位式是按光电接收器输出的信号的相位特征来确定对准状态。光电对准装置可分为光电显微镜和光电望远镜两大类，主要采用对准线条的方式。

图 1.2 所示为一种二维光电自准直仪的光学原理图。位于准直物镜两个共轭焦面上相互正交的目标狭缝，由发光二极管发出的光经传光光纤和聚光镜照明，分别通过分光镜和

物镜准直出射后返回，又分别成像在与目标狭缝共轭的两个线阵CCD探测器上，两路CCD接收信号分别经A/D转换成数字信号，再经相关电路精度完成数字信号处理，由液晶屏实时显示，RS-232接口可将两路测量数据传输到计算机分别进行 x 轴和 y 轴两个方向的对准。

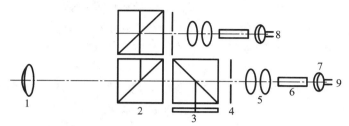

1—目标；2—分光镜；3—线阵CCD；4—狭缝；5—聚光镜；
6—光纤；7—LED；8—X通道；9—Y通道

图1.2 二维光电自准直仪光学系统示意图

图1.3所示是相位式光电自准直望远镜工作原理图。狭缝每振动一次，就有两次被目标的像挡住的机会，于是光通量有两次最小。光电接收器输出的光电流脉冲的变化与光通量的变化一致。在对准状态下，两次输出脉冲的相位相等，如经差动输出，输出为零，用电表指示时，指针处于零位；在非对准状态下，两次输出脉冲的相位不等，差动输出不为零，电表指针将偏离零位，偏离方向取决于两脉冲序列平均值的高低，从而可确定像偏离的方向。

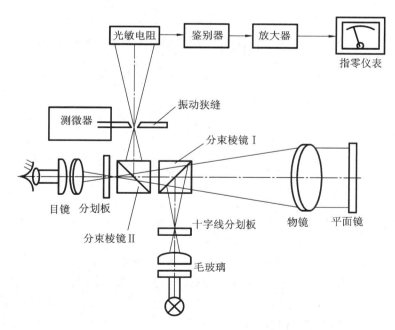

图1.3 相位式光电自准直望远镜工作原理图

1.4.2　光电自动定焦

定焦实质上就是要确定物镜的最佳像面的位置。对于不同的应用场合，最佳像面则可能用不同的方法定义，因此，确定最佳像面的标准有多种，如最高对比度像面、最高分辨率像面、最小波像差像面、最小弥散圆像面、最大调制传递函数像面或点像光斑中心照度最大值像面等。对于一个有剩余像差和加工误差的实际物镜来说，通常这些像面并不重合。实验确定最佳像面时，像面位置还与照明光源的光谱成分和接收器的光谱灵敏度有关。

根据确定最佳像面的标准不同，光电定焦的方法也很多，如扇形光栅法、小孔光阑法、刀口检验法和 MTF 法等。这里仅举两例，说明定焦原理。

1. 刀口检验法

如图 1.4 所示，用准直光线照明被检物镜 5，并用场镜 6 将被检物镜 5 的出瞳 D' 成像在接收面 π 上。在该像的范围内，于光轴上下对称安置两个光电器件 A 和 B，作为光接收器，于被检物镜的焦平面附近，安置转动的刀口叶片，用以切割成像光束，如图 1.5 所示。

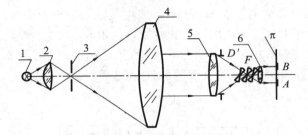

1—光源；2—聚光源；3—狭缝；4—准直物镜；5—被检物镜；6—场镜

图 1.4　刀口检验法光电定焦结构原理图

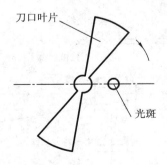

图 1.5　转动刀口切割成像光束

设刀片从光轴上方切下，当刀口叶片处在焦内时，射向光电器件 A 的光束先被切割，然后是光电器件 B。因此，光电器件 A 输出的电信号相位超前；反之，刀口叶片处在焦外时，光电器件 B 输出的电信号相位超前；如果刀口叶片正切在焦点时，两信号的相位差等于零。

由上述分析可见，只要能检测出两信号的相位差（正、负或零），就可以确定调焦的状态。检测电路的框图，可以采用图 1.6 所示的形式。

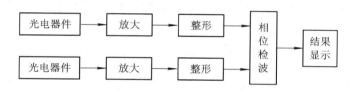

图 1.6　检测电路框图

2. 利用电荷耦合器件(CCD)定焦

CCD 传感器已广泛用于电视摄像和工业检测的各个领域。由于它具有高的分辨力,并可与微机联接实现自动检测,因而具有广泛的应用前景。

1) CCD 对应不同离焦量的输出特性

当光亮目标成像在 CCD 器件时,CCD 输出电压最大。离焦后,由于投射到 CCD 像素上的光能量下降,因而输出电压下降。由物理光学衍射原理可知,对不同方向的离焦,输出电压下降是对称的。

2) 自准直法自动定焦原理

利用自准直原理,在被检物镜像面位置安置狭缝板和 CCD 器件,如图 1.7 所示。

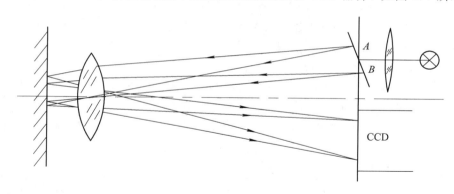

图 1.7　利用 CCD 定焦结构原理

狭缝板上开出两个狭缝 A 和 B,并用光源通过聚光镜进行照明。CCD 器件的安置,应保证其接收面与狭缝板保持一定的位置关系,即狭缝板上的两狭缝应分别位于 CCD 器件接收面的两侧,并且对该面的距离相等。狭缝板与 CCD 器件固定在一起,可以沿光轴移动,并应保证两狭缝的自准直像均能投射到 CCD 器件上。

定焦时,轴向移动狭缝板和 CCD 构成的组合器件。当 CCD 接收面刚好位于焦面上时,由于两狭缝具有相同的离焦量,CCD 可输出两个相等的信号。如果 CCD 离焦,那么两狭缝的离焦量不等,因而 CCD 将输出两个量值不等的电压信号,两信号经保持、采样,送入计算机比较。若相等,表示已处于定焦位置;若不等,表示有离焦。

如利用两信号的差值去控制步进电机,以实现自动调整,可达到自动定焦的目的。

随着图像采集技术和数字图像处理技术的快速发展,数字图像自动调焦(又称聚焦)技术也获得快速发展,并成为图像测量技术、计算机视觉技术等的关键技术之一。基于数字图像处理的自动调焦过程可以描述为:计算机通过光学系统和图像采集设备采集到一系列的数字图像,对每一帧图像进行实时处理,判断聚焦是否准确、成像是否清晰,并给出反馈信号控制镜头的运动，直到采集到的图像符合使用要求，即完成自动调焦。

本 章 小 结

1. 测量：就是将被测量与一个作为计量单位的标准量进行比较，并确定出被测量是计量单位的几倍或几分之几的过程。

2. 国际单位制中光学量的导出单位：光通量和光照度。

3. 测量方法包括：测量目的、被测对象和被测量，标准量系统，定位系统，瞄准系统，显示系统，测量条件。

4. 测量的分类

(1) 按获得测量结果的方式分类：直接测量和间接测量。

(2) 按比较方式分类：绝对测量和相对测量。

(3) 按接触形式分类：接触测量和非接触测量。

(4) 按测量目的的数目多少分类：独立测量和组合测量。

(5) 按测量时所处的条件分类：等精度测量和非等精度测量。

(6) 按实用情况分类：实验室测量和技术测量。

5. 测量误差产生的原因：测量装置误差、环境误差、方法误差和人员误差。

6. 等精度直接测量数据处理步骤：

(1) 计算算术平均值 $\bar{x}$；

(2) 计算残差 v_i；

(3) 计算标准偏差的估计值 σ；

(4) 判断粗大误差，如有粗大误差，应删除，然后重新计算(1)、(2)、(3)步，直到无粗大误差数据出现；

(5) 求算术平均值的标准偏差 x 估计值 $\sigma_{\bar{x}}$；

(6) 求测量的不确定度 s；

(7) 写出测量结果 $x = \bar{x} \pm s$。

7. 光电对准的基本思想是使目标(通常是刻线)成像在狭缝上，并在狭缝的后面安置光电接收器。分为动态光电对准和静态光电对准。

思考题与习题

1. 阐述测量的概念。测量由哪些要素构成？

2. 测量有哪些分类方式，每种分类的含义是什么？

3. 测量的基本步骤有哪些？

4. 比较三种偶然误差分布规律(正态、等概率、三角形)，并说明各自的特征。当三种分布的极限误差相等时，哪种分布精度高些？

5. 分别导出以清晰度调焦法和消视差调焦法表示的望远镜、显微镜的调焦误差公式。

6. 要提高通过望远镜和显微镜观测时的对准精度，应从哪些方面着手？

7. 光电对准的基本思想是什么？简述刀口检验光电定焦法的基本原理。

8. 焦距仪上的测量目镜($f' = 17$ mm，用叉丝对准)，测得某一像高 $y' = 2.25$ mm，求由对准误差引起的像高的相对测量标准偏差 $\delta y'/y'$。

9. 欲使望远镜的瞄准误差不大于 $1''$(采用夹线方式对准)，已知目镜放大率 $\Gamma_e = 12.5^\times$，求望远镜的物镜焦距 f' 和通光口径 D 至少应多大？

10. 某经纬仪水平度盘刻度圆直径 $\varphi = 120$ mm，若读数显微镜因对准(叉丝对准方式)产生的测角误差不大于 $0.5''$，求显微镜放大倍率是多少？物镜的数值孔径至少应多大？(假设光源波长 $\lambda = 560$ nm)

第2章　常用光学测量仪器及基本部件

本章介绍光学测量的基本仪器与部件,它们包括:平行光管、自准直目镜、测微目镜,以及由它们组成的望远镜和显微镜,光具座,精密测角仪与经纬仪,积分球与球形平行光管、刀口仪、单色仪及干涉仪。在介绍仪器的同时,还介绍了光学测量中经常用到的最基本的原理和方法,如:自准直法、阴影法和干涉法。这些是从事光学测量的前提,是合理选择测试设备、设计新的试验方案及组合新的实验设备的基础。最后还介绍了最新的波面相位光电检测技术。

教学目的

1. 掌握平行光管的作用、光学原理及调校方法。

2. 掌握自准直法的基本原理、三种自准直目镜的基本结构及各自的优缺点。

3. 掌握两种常见测微目镜的结构、细分原理及读数方法。

4. 了解光具座的基本配置及各部件的作用。

5. 掌握精密测角仪与经纬仪的测角原理和各自的使用方法。

6. 了解积分球与球形平行光管的基本结构和用途。

7. 了解刀口阴影法的基本原理及刀口仪的主要结构。

8. 掌握单色仪的用途及棱镜式单色仪的工作原理。

9. 掌握几种有标准镜干涉仪的基本结构和工作原理;了解无标准镜干涉仪的工作原理。

10. 了解波面相位光电检测技术的原理及基本应用。

技能要求

1. 能够在实验中正确使用平行光管。掌握光学测量中的重要方法——自准直法。

2. 能够在实验中正确使用前置镜、自准直显微镜及测微望远镜和测微显微镜。

3. 能够根据测量要求正确选用光具座的相关配件。

4. 能够利用精密测角仪或经纬仪进行有关角度方面的测量。

5. 能够根据实际要求选择并使用合适的单色仪。

6. 能够利用干涉仪进行面形偏差、曲率半径等参数的测量。

2.1　平　行　光　管

平行光管是许多光学仪器的检校仪器和光学测量仪器的主要部件之一。它的作用是提供无限远的目标。

在几何光学的范围中,当目标为一个点时,射出平行光管的光为一束平行光;当目标点偏离光轴时,平行光管提供了与光轴成一定夹角的平行光束,夹角大小取决于目标点偏离光轴的程度。随着目标尺寸的变大,光束的平行性变差,或者说由平行光管射出的光是不同方向的平行光束的组合。

　　实际上，由于衍射现象的存在，即使目标点是严格的几何点，由平行光管射出的光，也不可能是理想的平行光，最好的估计也只能说是"准平行光"。尽管如此，为了方便，一般还是说"平行光管给出平行光"，其含义包含上述的全部内容。

2.1.1　平行光管的光学原理及主要结构

一、平行光管的光学原理图

　　图 2.1 所示为典型的平行光管光学原理图。

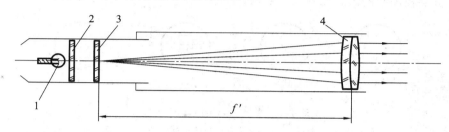

1—光源；2—毛玻璃；3—分划板；4—物镜

图 2.1　典型的平行光管光学原理图

二、平行光管的基本结构及主要组成部分

　　图 2.2 所示为国内常用的 CPG—550 型平行光管光路结构示意图，并附有高斯目镜和可调式平面反射镜。

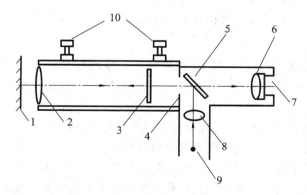

1—可调式反射镜；2—物镜；3—分划板；4—光阑；5—分束镜
6—目镜；7—出射光瞳；8—聚光镜；9—光源；10—十字螺钉

图 2.2　CPG—550 型平行光管结构示意图

1. 物镜

　　物镜是平行光管中起折光作用的元件。它把自分划板上的物点发出的发散光束变成平行光束射出，从而给出无限远的"点"目标，即把有限远的物转化为无限远的目标。

　　根据使用要求的不同，物镜有多种形式，例如：孔径较小，要求不太高时，使用一般的双胶合物镜；当孔径较大时，胶合很困难，一般用双分离的形式，即两片互相分离的镜片构成物镜；在某些应用场合，希望能调节（改变）物镜的焦距，就要设计可调焦距物镜；对于要求较高的物镜，同时要求复消色差，这时使用复消色差物镜；当要求大视场时，则可使用照相物镜作为平行光管的物镜；在某些要求特大孔径、长焦距的情况下，透射式常难于实现，就可采用反射面作为物镜，即所谓的反射物镜。

2. 分划板

分划板是置于物镜焦平面上并刻有一定图案的玻璃平板。其上图案的形状，就是平行光管给出无限远目标的形状。目标的方向，取决于给出该目标的图形在分划板上的位置。

常见分划板图案的形式如图 2.3 所示。

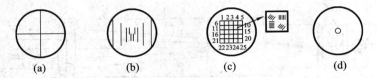

图 2.3　常见分划板图案的形式
(a) 十字分划板；(b) 玻罗板；(c) 分辨率板；(d) 星点板

图 2.3(a) 为十字分划板，其作用是用来调焦和光路共轴的；图 2.3(b) 为玻罗板，它与测微目镜或显微镜组组合，用来测定透镜或透镜组的焦距。玻罗板的玻璃基板上用真空镀膜的方法镀有五组线对，各组线对之间距离的名义值分别为 1.000 mm、2.000 mm、4.000 mm、10.000 mm 和 20.000 mm，使用时应以出厂的实测值为准；图 2.3(c) 为分辨率板，该板有两种（2 号、3 号），可以用来检验物镜和物镜组件的分辨率，板上有 25 个图案单元，对于 2 号板，从第 1 单元到第 25 单元每单元条纹宽度由 20 μm 递减至 5 μm，而 3 号板则由40 μm 递减至 10 μm；图 2.3(d) 为星点板，星点直径 0.05 mm，通过光学系统后产生该星点的衍射图样，根据图样的形状可以定性检查系统成像质量的好坏。

3. 照明系统

照明系统的作用是为了使分划板得到良好的照明，从而使获得的无限远（或有限远）目标具有一定光强度、较好的对比度及照度均匀的视场，或者为了改变光源的空间相干性，以获得非相干照明。

最简单的照明系统由光源和毛玻璃构成。光源应按对出射平行光管的光的要求来选择。如要求出射单色光，那么光源就必须选用单色光源或白炽灯光源加滤光片实现；如要求相干性，则除了对单色性有要求外，还要限制光源的尺寸。根据对出射光的强度要求选择光源的功率。要求较高的照明系统，常常还要加入聚光镜，改变光源发出的光束的结构，使照明更均匀，同时充分利用光源发出的光能。使用毛玻璃，可以改善照度的均匀性，同时可以获得较好的非相干照明，并限制灯丝通过物镜成像。

三、平行光管的结构形式

由于使用要求或客观条件的限制，平行光管的结构形式也是多种多样的，常见的有下面几种：

直管式：当焦距较短时常采用这种形式，这种结构简单，制造方便。

分离式：当焦距较长时，如几米甚至几十米以上，由于结构的限制，常做成分离式。例如，将物镜系统和分划板分别固定在两个泥台上。

折转式：为了缩小体积或某些工作条件的方便，可以将光轴折转，即光轴折转式。折转的角度可以根据需要而定。

反射式：当采用反射式物镜时，就构成了反射式。

可调式：当要求在一定范围内给出有限远目标时，采用可调式分划板。

球形平行光管：平行光管做成球形，并提供无限远的黑目标，用于测定产品的杂光系数。

2.1.2 平行光管的调校

平行光管的调校，指的是将分划板的刻划面准确地安放在物镜焦平面上的装校过程。

由于不便直接确定焦平面的位置，因此常利用焦平面的如下特性来确定：

（1）无限远的物成像在焦平面上。因此，可用像（它是可以看得见的）的位置确定焦平面的位置。

（2）物处于焦平面上时，其上一物点发出的光经物镜后必成为平行光束射出，即像在无限远处。因此，也可用像在无限远这一特性确定焦平面的位置。

基于这些考虑，设计出了远物法、五棱镜法、双经纬仪法、可调前置镜法、自准直法以及三管法等多种方法。下面介绍几种常用的方法。

一、自准直法

所谓自准直法，是指使位于分划板面上的发光物（一般是指被照明，而不是自发光）发出的光线经物镜出射后，由反射面反射回来，并且又成像在分划面上的方法。能够实现自准直法的望远镜和显微镜，分别称为自准直望远镜及自准直显微镜。

1. 自准直法的调校原理

用自准直法调校平行光管，是将平行光管的分划板配上带有分划板照明装置的目镜构成所谓自准直目镜（见2.2节），该自准直目镜和平行光管物镜就构成了自准直前置镜。将该自准直前置镜对向一个标准平面反射镜，并用分划板的分划对反射像调焦，实现自准直，从而达到校正的目的。其原理见图2.4。

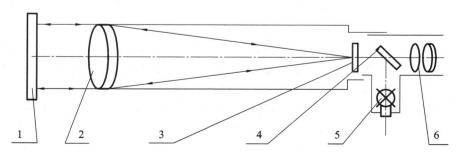

1—标准平面反射镜；2—平行光管物镜；3—平行光管分划板；4—析光镜；5—光源；6—自准直目镜透镜

图 2.4 自准直法调校平行光管

调焦完毕，就认为平行光管已调校好。

2. 调焦误差

1）分划板对焦面的调焦误差

用自准直法调校平行光管，是通过对分划板上的分划与其反射像的调焦来实现的。当分划板对物镜的焦平面偏离很小时，容易证明 $AF_1' \approx F_1'A'$，因此有

$$F_1'A = \frac{AA'}{2} = \frac{(A'F_1' + F_1'A)}{2} \tag{2-1}$$

其中：$F_1'A$ 为平行光管的分划板与焦面间的调焦误差；AA' 为望远系统的调焦误差。所以用自准直法调校平行光管时，分划板对焦平面的调焦误差等于平行光管物镜与目镜组成的望远镜系统的调焦误差的一半。

清晰度法调焦：

$$\sigma_{TP_1} = \frac{1}{2\sqrt{3}} \left[\frac{0.58\delta}{\Gamma^2 \left(D' - \frac{D_e}{2} \right)} \right] \tag{2-2}$$

消视差法调焦：

$$\sigma_{TP_1} = \frac{1}{2\sqrt{3}} \left(\frac{0.29\alpha}{\Gamma D} + \frac{4\lambda}{3D^2} \right) \tag{2-3}$$

2）**标准平面反射镜面形偏差的影响**

如果标准平面反射镜存在面形偏差，例如它实际上是个球面，那么它必将影响到反射像 A' 的位置，导致 AF_1' 与 $F_1'A'$ 不再相等，于是用式(2-1)计算必然存在误差，这是引起调焦误差的又一因素。

设标准平面反射镜口径为 D 的范围内的面形误差为 N 个光圈，对应的矢高为 $x_R = N\lambda/2$（λ 为光波波长），则对应的曲率半径为

$$R = \frac{D^2}{8x_R} = \frac{D^2}{4N\lambda} \tag{2-4}$$

由此可得

$$\varphi_0 = \frac{1}{R} = \frac{4N\lambda}{D^2} \tag{2-5}$$

式中 R 的单位取 m，D 的单位取 mm，λ 的单位取 μm。所以自准直法调校平行光管总的调焦误差

$$\sigma_\varphi = \sigma_{TP_1} + \varphi_0 \tag{2-6}$$

为了提高调校精度，应该适当提高标准平面反射镜的质量，并减小望远镜系统的调焦误差，这就应该尽可能地利用平行光管物镜的全孔径。因此，实践中标准平面反射镜的孔径应该大于平行光管物镜的孔径。

自准直法有较高的精度，并且除了标准平面反射镜外，不需要其它标准设备，而在通常的孔径下，标准平面反射镜也是不难找到的，因此自准直法是平行光管调校中的重要方法。

二、五棱镜法

当平行光管的物镜孔径足够大时，自准直法就会遇到困难，这是因为大孔径的标准平

面反射镜加工是很困难的，一般在实验室也是很难找到的。此时，五棱镜法就表现出其优越性。

1. 调校原理和装置

五棱镜法利用的是五棱镜将入射光线转折 90° 后出射的特性。

如果平行光管的分划板处在物镜焦平面上，来自分划面上同一点的光透过物镜必然成为平行光束。此时，不管五棱镜处于何处，由五棱镜转折后的光都具有相同的方向，它们在前置镜分划板上交于同一点，形成平行光管分划板上某一点的像，该像在五棱镜从位置（Ⅰ）移到位置（Ⅱ）时不发生变动，如图 2.5(a) 所示。

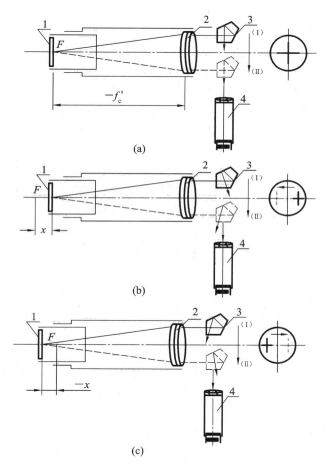

1—平行光管分划板；2—平行光管物镜；3—五棱镜；4—前置镜

图 2.5 用五棱镜和前置镜调校平行光管

如果平行光管的分划板不在物镜的焦平面上，出射平行光管的光就会发散或会聚，此时，五棱镜从位置（Ⅰ）移到位置（Ⅱ）的过程中，像就会在前置镜物镜的像平面上向右或向左移动。如图 2.5(b) 所示，刻线像由右向左移，则表示出射的是发散光，分划板位于焦内，应将平行光管分划板向远离物镜方向移动；如图 2.5(c) 所示，刻线像由左向右移，则表示出射的是会聚光，分划板位于焦外，应将平行光管分划板向物镜方向移动。经过几次调整后即可调焦到焦面位置，达到调校的目的。

这种方法由于利用对准特性，因而也有较高的精度。在本质上，该方法就是消视差法，只不过是利用五棱镜的横向移动来代替眼的横向摆动。

为了保证对准精度，在结构上应保证五棱镜在移动过程中不引起像的明显跳动，并且，为了瞄准的方便，前置镜应能在水平面内做摆动调整。

2. 调校误差

本方法虽然也属消视差法，但调焦误差的计算与前面介绍的公式并不完全相同。这是因为这里决定对准精度的工作孔径由前置镜物镜的全孔径来担任工作孔径。平行光管的调校误差是由于前置镜的对准误差引起的。

五棱镜法的调校误差为

$$\sigma_{TP} = \frac{0.29\delta}{\Gamma(D_C - D_P)} (m^{-1}) \tag{2-7}$$

式中：D_C 为平行光管通光口径；D_P 为五棱镜的有效口径；$(D_C - D_P)$ 为五棱镜的有效移动距离；δ 为眼睛的对准误差（单位取分）；Γ 为前置镜的放大率。由式（2-7）可知，增加 Γ 和减小 D_P 皆可提高调校准确度，但这时衍射的影响增加，而且视场变暗，严重时准确度反而会降低。

分析五棱镜法可以看到，其中用到的前置镜也存在着一个如何将其分划板置于物镜的焦平面上去的问题。因此，就方法而论，五棱镜法并不能独立解决平行光管的调校问题。从这一角度看，自准直法就有其独立性，因而是一种基本的方法。

2.2 自 准 直 目 镜

在平行光管的调校中已经涉及到自准直法的概念，并已初步认识到在测量中使用自准直法的好处，下面进一步阐明自准直法在测量中的地位以及实现自准直法所必要的部件——自准直目镜。

我们知道，测量中很关键的一个步骤就是瞄准。但是一些被测量（例如球面的曲率半径、透镜的焦距等），其端点不全是客观实体，而是一个定义的点（例如球心、焦点等）。这样的点本身不能发出光线，也无法反射光线，或者说不能自身提供可以代表它的信息，无法用通常的方法对它瞄准，而自准直法就为解决这一类问题提供了方便。由此可了解自准直法在测量中的重要地位。例如要瞄准球心，可以令一束会聚光照在球面上，并使会聚光束的焦点与球心重合（瞄准），此时，入射光线必然与球面垂直。假定球面是良好的反射面，那么每一条光线将按原路返回，形成发散的光束，它就像从球心发出的一样，于是我们就获得了代表该球心的信息。射向球面的会聚光，在观测仪器中可方便地通过照明分划板来实现。因为分划板被照明后，分划上的点所对应的光线，经仪器的物镜出射后就会给出会聚的球面波（在显微镜中或可调前置镜中）或平面波（在望远镜中），于是，带照明装置的分划板和目镜就构成了自准直目镜。自准直目镜分别与显微镜物镜和望远镜物镜组合，就构成了自准直显微镜物镜和自准直望远镜（也叫自准直前置镜）。

自准直目镜可按分划板照明方式分为多种形式，其中最典型的是高斯式、阿贝式和双分划板式。下面着重介绍这几种自准直目镜。

2.2.1　高斯式自准直目镜

一、高斯式自准直目镜的结构原理

高斯式自准直目镜的结构如图 2.6 所示。其主要结构由分划板 1、析光镜 2、光源 4 和目镜 3 构成。分划板 1 一般是在其上刻有十字线的透明玻璃平板，位于目镜 3 的焦平面上，十字线中心与光轴重合。在光源的照明下，十字线中心可作为目标物（它形成自准直像，作为瞄准的目标），同时也作为瞄准标志（当目标与它重合时，就认为已经瞄准）。析光镜 2 为镀有析光膜的玻璃平板，与光轴成 45°角放置。它可将光源发出的光折向分划板，实现对分划板的照明；同时允许自分划板方向射来的光线通过而射向目镜，从而允许通过目镜观察到分划板上的分划及分划面上形成的自准直像。光源 4 一般是用乳白灯泡或普通白炽灯泡配置毛玻璃构成，以便获得均匀的照明。

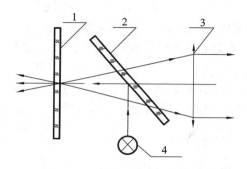

1—分划板；2—析光镜；3—目镜；4—光源

图 2.6　高斯式自准直目镜原理示意图

二、高斯式自准直目镜的特点

高斯式自准直目镜具有以下几方面的特点：

（1）瞄准标志的中心（即分划板上十字线的中心）与光轴重合。因此，当关掉分划板照明灯时，由此种目镜构成的望远镜和显微镜就是通用的望远镜和显微镜。

（2）由于析光镜的分光作用，损失一部分光能，这使得反射像（自准直像）和视场的亮度降低，同时由于整个视场被照亮，杂光较大，所以像的衬度较差。自准直像是在亮背景上的暗十字线。

（3）由于析光镜与光轴成 45°安置，点空间较大，因此要求使用有较长物方顶焦距的目镜。

2.2.2　阿贝式自准直目镜

一、阿贝式自准直目镜的结构原理

阿贝式自准直目镜的结构如图 2.7 所示，这种目镜由分划板 1、目镜 2、照明棱镜 3 和光源 4 构成。分划板上有两组刻划，如图 2.7 所示，两组刻划的中心与分划板的中心等距。

分划板中心位于光轴上。其中一组刻划被照明棱镜所覆盖，为在全镀铝表面上刻制的透光十字线，作为目标物，而另一组刻划作为瞄准标志。

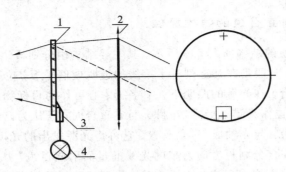

1—分划板；2—目镜；3—照明棱镜；4—光源

图2.7　阿贝式自准直目镜原理示意图

照明棱镜除光线入射面和出射面外，其余部分涂黑，所以，在目镜方向观察可看到被照明棱镜覆盖的部分视场为暗（当将照明棱镜覆盖区置于目镜视场之外时，看不到此现象）。

光源部分可与高斯式相同，也可以降低要求，而直接用普通白炽灯泡。因为此时不要求照明整个视场，而只为照明十字线（范围较小），对照明的均匀性要求不高。

二、阿贝式自准直目镜的特点

阿贝式自准直目镜具有以下几方面的特点：

（1）自准直像是亮十字线。分划板照明装置不能照明十字线以外的部分，因而这些部分常常较暗，甚至有时看不清该区域内的分划。此时，可用室内的杂散光或灯光从物镜方向向里照射来实现整个视场的照明，于是视场的亮度可控制或调节。由于自准直像是在较暗的视场内得到的亮十字线，因此像的衬度好。

（2）分划中心与光轴不重合。或者说，十字分划中心是轴外点。当用这种目镜构成自准直望远镜时，由十字分划中心发出的光经物镜出射时与光轴有一定角度。因而在使用自准直法瞄准时，反射镜如果离开望远镜物镜足够远，就可能偏离出射光而使出射光不能得到反射，或反射的光不再能进入望远镜的入瞳，于是就得不到自准直像，这一点应引起注意。此外，当把这种系统用作普通观测系统时，视轴（这里指作为瞄准标志的十字线中心和物镜后节点连线的方向）不与光轴重合。一般说来，这是不方便的。

（3）视场有遮挡现象（如前所述特殊情况例外）。

（4）由于照明棱镜尺寸较小，分划板就可以更靠近目镜，以便提高目镜的放大倍数。目镜则可以采用物方顶焦距较短的形式。

2.2.3　双分划板式自准直目镜

双分划板式自准直目镜的结构如图2.8所示，这种目镜由照明器（由毛玻璃5和光源6组成）、两个双分划板2、4，析光棱镜1及目镜3组成。

分划板 Ⅱ 一般是在一面全镀铝之后刻透光十字线制成，作为目标物；而分划板 Ⅰ 则

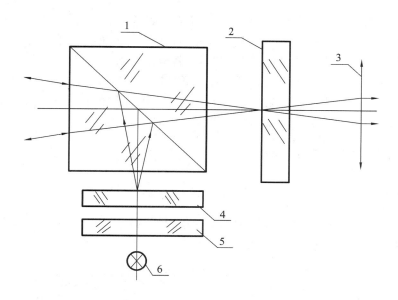

1—析光棱镜；2—分划板Ⅰ；3—目镜；4—分划板Ⅱ；5—毛玻璃；6—光源

图 2.8　双分划板式自准直目镜原理示意图

是在透明玻璃平板上刻十字线（暗线）制成，作为瞄准标志。两分划板十字中心都置于光轴上。

　　照明器由光源和毛玻璃组成。这是因为分划板Ⅱ上的透光十字线分布在分划板的整个孔径上，范围较大，对照明的均匀性要求较高。

　　析光棱镜由两块直角棱镜胶合而成，胶合面要镀析光膜。析光棱镜使照明光路和观察光路分离开来，从而可以设置分划板Ⅱ，以便产生明亮的目标物。这有助于提高自准直像的衬度，并避免如阿贝式自准直目镜为了获得亮的目标物而带来的视场遮挡现象，可充分利用目镜的视场并保证视轴与光轴的一致性。分划板Ⅰ和目镜3之间没有设置任何光学元件，因此允许使用物方顶焦距更短的目镜。于是，用双分划板式自准直目镜构成的仪器，可以获得更高的放大率。

　　综上所述，这种自准直目镜集中了高斯式和阿贝式自准直目镜的优点，并克服了它们的缺点，因此是一种较好的形式。但是，由于采用了两块分划板，当它们相对光轴的位置有变动时，就会影响观测精度，或者说易产生失调。三种常见自准直目镜的优、缺点见表2-1所示。

表 2-1　三种自准直目镜比较

自准直目镜 比较项目	高斯式	阿贝式	双分划板式
反射像亮度	暗	亮	暗
反射像衬度	差	好	好
视放大率	小	大	大
视场	大	小	大
失调	无	无	有

上述三种自准直目镜都较常见于测试设备中，应注意按它们各自的长处选用。例如，在自准直像的亮度和衬度成为主要矛盾时，应采用阿贝式；而当视轴与光轴的一致性为主要矛盾时，则采用高斯式；如两方面都有要求，就应采用双分划板式。

除上述三种自准直目镜外，还有些其它的形式，如光轴折转式，这在 JZC 型自准直望远镜中就有应用，其设计思想仍是着眼于集中前述自准直目镜的优点，而克服其缺点，并且采用了显微镜系统观察自准直像，可以得到更高的放大倍数。

2.2.4 自准直望远镜和显微镜

一、自准直望远镜

由望远镜物镜和自准直目镜就可以构成自准直望远镜，如图 2.9 所示的是高斯式自准直望远镜。自准直望远镜可用来完成以下任务：

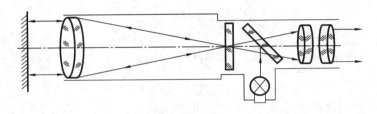

图 2.9　高斯式自准直望远镜原理示意图

（1）确定平面反射面的方位。用自准直望远镜对向平面反射面，瞄准由平面反射面反射而形成的自准直像，这时平面反射面便垂直于望远镜的光轴，于是可以确定平面反射面的方位。为方便起见，以后就把这一调整过程简称为"用自准直望远镜瞄准平面"。

由于自准直望远镜能确定平面反射面的方位，因此，配置度盘就可以测量棱镜的角度。这使它成为精密测角仪的一个重要瞄准部件。

（2）确定半径为有限大小的球面反射镜的球心。如果自准直望远镜带伸缩筒，就成为可调望远镜，可用以瞄准一定范围内的半径为有限大小的球面反射面的球心，因而它在大曲率半径的测量中就有应用。如果望远镜的物镜是可调焦的，那么工作范围就可以更大些。

（3）用于小角度的测量。当目镜的分划板上有刻度时，刻度将成为角度标准量，因而可用来对微小角度进行测量。例如用自准直法对玻璃平板的平行度和反射棱镜的光学平行度进行测量是非常方便的。也可用来比较测量棱镜角度的制造误差。

（4）用作平行光管。由于分划板得到了照明，在必要时自准直望远镜也可以作为平行光管使用，实际上，目前一些设备中，平行光管通常配有带照明装置的目镜，以便应用自准直法进行平行光管的调校。这样的平行光管也就是一台自准直望远镜。

二、自准直显微镜

由自准直目镜和显微镜物镜构成自准直显微镜。如图 2.10 所示为高斯式自准直显微镜的原理图。显微镜用来观测近物，因此，自准直显微镜可用来瞄准小曲率半径的球面反射面的球心，确定反射面的位置等。

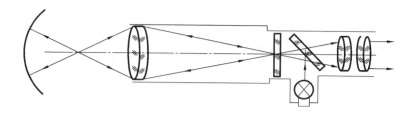

图 2.10　高斯式自准直显微镜原理图

总之,自准直望远镜和自准直显微镜同通用的望远镜和显微镜在应用上的区别是:前者用来瞄准那些不能自行提供代表自己信息的虚点,而后者用来瞄准能够提供信息的实点。

2.3　测　微　目　镜

2.3.1　测微目镜的细分原理

为了进行测量,总要使用标准量。在本课程的范围内,经常遇到的标准量是标尺和度盘。为了获得测量的高精度,除了要求标准量刻度准确外,还希望有较小的刻度间隔或较小的分划值,以便可以获得较高的读数精度。但是,刻度间隔不可能无限小,其原因是:一是受工艺、结构的限制;二是受眼睛分辨本领的限制。因此,实际的标准量刻度间隔一般为 1 mm 或 0.1 mm,这就决定了标准量的分划值对标尺是 1 mm 或 0.1 mm,对度盘是 $1°$ 或 $30''$。然而,我们所要求的测量精度却往往远远高出这样的数量级,例如要求读取"微米"及"秒"级的精度。解决的办法是将标准量分划值进行细分(当然不是直接在标准量上分),以便使细分后的分划值满足读数精度的要求。细分只是为了提高读数精度,当读数精度已达到要求,即读数误差实际上已不能影响仪器的精度之后,再细的细分就失去了意义。

实现标准量细分的方法很多,可分为光学式、机械式和电学式。在光学测量的现有设备中,用得最多的是光学式或光学—机械式。

测微目镜就是实现细分以便使读数误差小到一定程度的目镜读数装置。通常,测微目镜对标准量的细分是通过两级细分来完成的。两级细分的结果,可使分划值达到标准量(被细分的量)分划值的 1/1000,而其中第一级细分实际是在物镜的帮助下完成的,第二级细分由测微目镜自行完成。

例如,第一级细分是将标准量(标尺或度盘)的刻度间隔通过望远镜或显微镜的物镜成像在测微目镜的一个分划板(固定分划板)上,并用分划板上的标尺将该像进行细分。设标准量的分划值为 a,固定分划板上刻度间隔为 n,那么细分后的分划值为 a/n。第二级细分量是通过不同的细分装置将分划值 a/n(它对应固定分划板的刻度间隔)再进行细分。设细分数为 m,则两级细分后的分划值为 $a/(mn)$。

通常,取 $n=10,m=100$,因此两级细分后的分划值为 $a/1000$。当标准量的分划值为 $a=1$ mm 时,则测微目镜的分划值为 0.001 mm。一般把第一级细分用的分划板和第二级细分装置放在一起构成测微目镜。所以测微目镜总是与望远镜或显微镜物镜配合使用,构成带测微目镜的望远镜或显微镜。

2.3.2 几种常见的测微目镜

一、螺杆式测微目镜

1. 结构及细分原理

螺杆式测微目镜的结构如图 2.11 所示。这种测微目镜由目镜 1、固定分板板 2、活动分划板 3、测微螺杆 4 及读数鼓轮 5 构成。

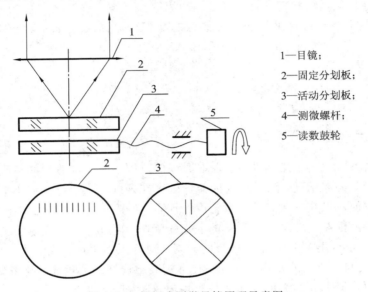

1—目镜；

2—固定分划板；

3—活动分划板；

4—测微螺杆；

5—读数鼓轮

图 2.11　螺杆式测微目镜原理示意图

固定分划板在目镜中的位置是固定的，其上刻 11 条短线，当标准量的相邻两刻线的像分别与其最外两刻线对准时，固定分划板的分划值便为标准量分划值的 1/10。

第二级细分装置由活动分划板、测微螺杆和读数鼓轮构成。活动分划板是为瞄准（对读数指标瞄准）而设置的，因此，其上一般刻有十字叉线及双短线，以便获得较高的对准精度。工作状态下，活动分划板垂直于物镜光轴移动时，其上的双短线应能依次通过固定分划板上分划线位置，以便实现对准。而十字叉线则可用来瞄准读数指标。两分划板的刻划面相对，相互靠近，并保证能够相对移动，两分划板的分划可以同时通过目镜看清。

当用手驱动鼓轮转动时，螺杆随之转动，并沿轴向移动，从而推动活动分划板垂直于光轴移动，完成瞄准任务。

标准量的分划值 a 借助于物镜和固定分划板可细分成 10 份，因而在固定分划板上分划值即为 $a/10$。如果固定分划板的分划间距为螺距的 K 倍，那么螺杆的一个螺距所代表的值为 $a/(10K)$。当鼓轮沿圆周分度为 100 时，那么，鼓轮的分划值即为 $a/(1000K)$。这样就实现了第二级细分。

2. 使用及读数方法

螺杆式测微目镜通常有如下两种用法：

（1）与显微镜物镜构成显微镜，用于标准量的细分和读数，可称之为读数显微镜。在这种使用情况下，确定标准量和被测量之间位置关系的瞄准，通常是由另外的瞄准装置实现的。瞄准后，读数显微镜和标准量之间的位置关系就已确定，于是读数显微镜的任务就是以数字的形式确定自身（固定分划板的零位）与标准量之间的相互位置，为此读数显微镜必须瞄准标准量的某一刻线进行读数，这时的瞄准是读数过程中的瞄准。读数时先从标准量上读整数，然后从目镜上读取小数部分。

如图 2.12 所示，读数方法如下：

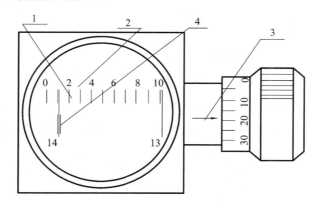

1—标尺上的刻线；2—固定分划板的分划；3—读数指标；4—活动分划板上的瞄准标志

图 2.12　螺杆式测微目镜读数方法

单位数：从标准量上被瞄准的分划所对应的数字读出 14；

十分位数：由测微目镜的固定分划板上读出 1；

百分位和千分位：由测微目镜的读数指标对应的鼓轮上的数字读出 19；

万分位：可以从鼓轮上估读出 0。

于是整个读数应为 14.1190。

（2）用于微量测量。螺杆式测微目镜的螺杆是一个精密丝杆，它本身就是标准量，而固定分划板上的分划与螺杆的螺距又有严格的确定关系，所以螺杆式测微目镜可用于微量测量。

如图 2.13 所示，设限定某微量（它应该小于固定分划板的量程）的两标志分别为 A、B，那么我们可以驱动鼓轮令瞄准标志（十字叉线）先后瞄准 A、B 并读数。这两个读数分别表示两标志相对固定分划板零位的距离。求取两读数之差，就得到被测微量的值。如果 A、

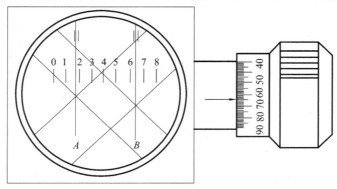

图 2.13　测微目镜用于微量测量时的读数

B 的间距不是测量目的，例如是测量目的通过显微镜物镜所成的像，那么，为求得测量的目的，还应精确得知物镜的放大倍数。

读数时，以固定分划板的分划值为单位，例如图中对标志 A 读数为：

单位数：由固定分划板上读得 1；

十分位和百分位：由读数鼓轮上读得 65；

千分位：在读数鼓轮上估读 0。

于是，读数为 1.650。

如果所测量的微量是由望远镜物镜所成的像，那么，此时测微目镜实际上和望远镜物镜组成了测微望远镜。而分划板上的长度标准量可以转化为望远镜物方光线同角度的标准量，因此，可以用来测量两平行光束之间的微小角度。

3. 螺杆式测微目镜的测量误差和读数误差

使用这种测微目镜除了瞄准误差、显微镜放大率误差、人眼的估读误差、视差外，来自测微目镜本身的误差因素还有以下几方面：

（1）螺杆的螺距误差及螺距与固定分划板刻度间隔的比例不确定或比值不准确带来的误差；

（2）读数鼓轮分度误差；

（3）传动系统的空回误差（此项误差可在使用时用单向对准的方法消除）。

4. 螺杆式测微目镜的改进形式

螺杆式测微目镜用于测量时，需转动螺杆推动分划板，使瞄准标志分别瞄准被测量的两个端点。当被测量的大小接近固定分划板上标尺的长度时，在两次瞄准中，瞄准标志需要移动几个螺距。此时，由于螺杆螺距的各种误差累积的结果，使测量误差增大。为克服这一缺点，应设法减小两次瞄准过程中瞄准标志移动的距离或螺杆转动的周数，这只需采用多瞄准标志法。所谓多瞄准标志法，就是将单一的瞄准标志（活动分划板上的双刻线）代之以多个瞄准标志。例如在活动分划板上刻十一组双刻线，作为瞄准标志，这些双刻线之间相邻两组的距离都严格等于固定分划板的分划间距，如图 2.14 所示。这样一来，不管读

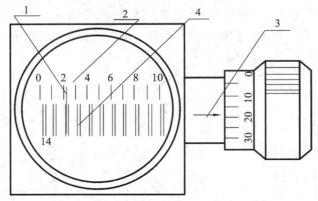

1—固定分划板上刻线；2—活动分划板上刻线；3—标尺上的刻线；4—读数标尺

图 2.14 螺杆式测微目镜的改进形式

数指标落在什么位置,只要令其与靠近的一个瞄准标志对准,就可以完成瞄准任务,并且螺杆转动不超过一周。

采用多瞄准标志法,缩短了螺杆的行程,但活动分划板上需有多组刻线,其刻线位置误差将是产生测量误差的新因素。

二、阿基米德螺旋线式测微目镜

1. 细分原理

阿基米德螺旋线式测微目镜的第二级细分,是在活动分划板上刻制阿基米德螺旋线及按圆周分度来实现的。这里阿基米德螺旋线的升程相当于螺旋式测微目镜中螺杆的螺距,而按圆周的分度则相当于读数鼓轮上的分度。螺线用双刻线制成,它同时起到了"多瞄准标志"的作用。

阿基米德螺线坐标方程为

$$\rho = a\theta$$

其中,a 为常数,于是 $\mathrm{d}\rho = a\,\mathrm{d}\theta$。如果令 $\mathrm{d}\theta = 2\pi$,$\mathrm{d}\rho = t$,则

$$t = 2a\pi$$

称 t 为螺线的升程(即 θ 变化量为 2π 时,对应的极半径改变量)。

由此可见,选用不同的 a 值,可以获得不同的升程 t。而为细分 t,只需细分圆周。例如将圆周分为 100 等份,则分划板每转过 1 份,极半径的改变量即为 $t/100$。

2. 主要结构

如图 2.15 所示,阿基米德螺旋线式测微目镜主要由固定分划板 2、活动分划板 4 及驱动鼓轮 3 和目镜 1 组成。

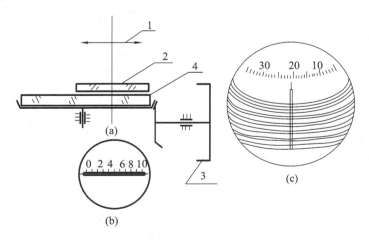

1—目镜;2—固定分划板;3—驱动鼓轮;4—活动分划板

图 2.15 阿基米德螺旋线式测微目镜原理示意图

活动分划板上刻制阿基米德螺线和圆周分度,螺线的升程 t 与固定分划板上的分划间距相等。螺线用双线刻制 11 圈,在螺线内侧绕中心分度,分 100 份,如图 2.15(c)所示。固定分划板上刻 11 条短线,形式如图 2.15(b)所示。装配后,固定分划板标志指向螺线的极

点(分划板中心),视场如图2.15(c)所示。

3. 使用和读数方法

阿基米德螺旋式测微目镜的读数方法,与螺杆式测微目镜的多瞄准标志法的读数方法相同,在标准量上读单位数,从固定分划板上读十分位数,而从圆周分度上读百分位和千分位读数,并估读万分位数。这种测微目镜一般只用来细分和读数,而不用做微量测量。

4. 阿基米德螺线式测微目镜的误差

阿基米德螺旋式测微目镜的特点是没有空回。引起其误差的除了与螺杆式测微目镜类似的因素之外,还增加了圆周分度中心、螺线的极心以及转动中心三者不重合带来的误差。

如果将测微目镜同时做成自准直目镜,就称为自准直测微目镜。

2.4 光 具 座

平行光管、望远镜和显微镜,它们是光学测量中的基本仪器和部件。在测量时,这些仪器和部件常常需要配置在一条导轨上,以便借助于一些装夹和调整装置实现同轴性调整。它们同被测对象的承载装置一起构成了能完成多种测试任务的通用仪器,称为光具座。

一、光具座的用途

光学测量中,需要测量的项目很多,例如光学零件的光学和几何特性参数、光学系统的光学特性参数、光学系统的像差测量和像质评价等。这些测量都可以在光具座上完成。光具座的具体用途如下:

(1)光学零件、部件的几何特性参数和光学特性参数的测量。例如测量平面光学零件的平行度、角度误差,屋脊棱镜的双像差,玻璃平板和棱镜的最小焦距,透镜或透镜组的焦距、顶焦距等。

(2)光学系统光学特性参数的测量。例如测量显微镜系统的放大率、数值孔径,望远镜系统的放大率、出瞳直径和出瞳距、视度、视差,照相物镜的入瞳等。

(3)光学系统的像质评价。例如用星点法和分辨率法评价像质、用哈特曼法和焦平面干涉法测量几何像差等。

由此看来,光具座是光学实验室的基本仪器之一,也是光学零件生产、光学系统调试过程中的一种通用仪器。

二、光具座的组成

由于国内外生产的光具座的型号繁多,结构和功能也有差异,因此无法一一列举,图2.16所示光具座为常见的一种。本书针对光具座的共性结构做简要介绍。

1. 平行光管及其照明装置

1)平行光管

平行光管是光具座的基本组件之一,其物镜质量的好坏、焦距的长短,往往是决定光具座性能的关键所在。平行光管一般做成可调式,并配备有带照明装置的目镜,以便于用自准直法调校。平行光管的特性参数一般用焦距和相对孔径表示。平行光管的物镜,由于

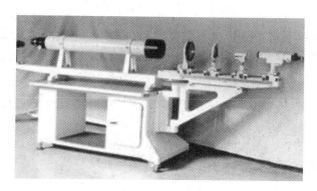

图 2.16 光具座的基本结构图

要求较高,一般做成消色差形式。平行光管的分划板为了适应多种测试目的的需要,形式有多种,一般有:

(1)星点板:用于按星点法评价像质。星点板一般按针孔的大小不同备有几种。

(2)分辨率板:用于按分辨率法评价像质。一般配有一套(五块)WT1005-62型标准图案板,如图 2.17 所示。

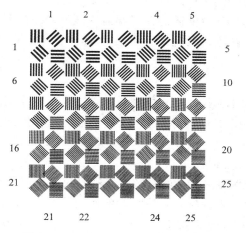

图 2.17 WT1005-62 型标准图案板

(3)圆孔板:供产生一定光强度和一定平行度的平行光束。

(4)玻罗板:以刻线间距的形式给出几种标准长度,供测量(如测量焦距或评定像质)时选用,其形式如图 2.18 所示。

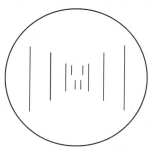

图 2.18 玻罗板的形式

2）照明装置

平行光管的照明装置除要求提供一定强度的白光外，还要求能提供常用谱线，以便实现对几何像差的测量。这些谱线可通过配置光谱（例如钠灯、汞灯）及使用滤光片得到。为了改善照明的均匀性，还备有毛玻璃。

2. 观察、瞄准与测量用组件

1）前置镜

光具座都备有前置镜，一般又都为可调式，可配用自准直目镜和自准直测微目镜。为了调整共轴性，前置镜应有升降、俯仰和水平方位的调节机构。

2）显微镜

显微镜物镜一般备有不同数值孔径的数种，而目镜除备有普通目镜外，还备有测微目镜，一般是配备螺杆式测微目镜，可替换普通目镜。显微镜为了调焦，都有纵向移动机构；而为了调节共轴性，都有横向、升降及水平方位的调整机构。普通目镜也备有不同倍率的数种，以便和物镜组合成不同的放大倍率。

3）视度筒与倍率计

视度筒与倍率计是用于测试望远镜系统的仪器，实际上分别为低倍可调前置镜和分划板上刻有标尺的低倍显微镜。视度筒是在可调前置镜的伸缩筒上刻上刻度，并标出不同分划对应的视度值，可用来测量望远镜系统的视度。倍率计则可用来测量望远镜系统的出瞳直径和出瞳距。

4）精密机械测量台

精密机械测量台是用来支撑平面光学零件，以便起定位作用的测量台。利用两个互相垂直的精密螺杆，可使工作台纵向、横向移动，并具有高低调整装置，以调整被测对象至合适位置。

5）转台和转臂

在某些时候，为了观测轴外像，就有必要使观测仪器与导轨成一定角度，为此设置了转臂，而转台起支撑转臂并保证转臂平稳回转的作用。

6）哈特曼照相装置及哈特曼光阑

哈特曼照相装置是用哈特曼法测量几何像差的装置。哈特曼光阑是由按米字形分布的许多小孔构成的光阑。照相装置可记录（通过干板）通过哈特曼光阑小孔的光线经过被测物镜后于焦平面附近所形成的光斑，以便分析被测物镜的几何像差。当然也可以记录星点像，以便评价像质。这种设备在比较简易的光具座上通常没有配备。

3. 装卡组件

1）三爪夹持器

三爪夹持器用来夹持透镜或其它圆柱形零件。

2）镜筒支架或 V 形座

镜筒支架可以放置或固定镜筒，以便对整个仪器或部件进行观测。

3）物镜夹持器

当检查物镜的像质时，通常对物镜的装夹和调整要求较高，此时应使用物镜夹持器。例如用星点法和分辨率法检验照相物镜的像质。夹持器可以绕其竖直轴回转，以使物镜的光轴与导轨夹有一定角度，这样可以检验轴外点的像质。夹持器具有偏心调整装置，以便调整被检物镜光轴与平行光管光轴重合。

2.5　测　角　仪　器

利用光学的原理测量角度的仪器很多，如光学测角仪、光学经纬仪、光学分度头、光学象限仪。根据测角方式的不同，测角仪器大致可分为两种：一种是精密测角仪；另一种是经纬仪。它们的共同点是：仪器的转轴（或度盘的中心）都置于被测角的顶点处，以便于被测角度与度盘比较。它们的不同之处是：精密测角仪的瞄准镜是朝向被测角的顶点的，如图 2.19(a)所示；而经纬仪的瞄准镜是背向被测角的顶点的，如图 2.19(b)所示。

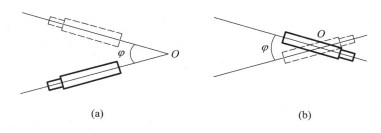

(a)　　　　　　　　　　　　　　　　(b)

图 2.19　两种测角方式

（a）精密测角仪测角方式；（b）经纬仪测角方式

经纬仪一般用来观察两目标对仪器安放位置（O 点）所张开的角度。目标在外界光线的照明下反射光线，因而经纬仪的瞄准镜可采用通用的望远镜形式。精密测角仪一般用于测量试件上两个面之间的夹角（二面角的平面角），因此瞄准采用自准直望远镜。

下面就具体介绍这两种测角仪。

2.5.1　精密测角仪

一、精密测角仪的特点和用途

精密测角仪以自准直前置镜作为瞄准部件，并以度盘作为标准量。应用时，它要求被测角度的两个面具有良好的反光性能和规则的面形。精密测角仪常用于测量光学零件（例如平板玻璃、棱镜等）的角度、平行度及光栅的衍射角等。通过对折射棱镜的折射角和光线通过棱镜后的偏向角的测量，可以计算玻璃材料的折射率和色散。

二、精密测角仪的主要结构

精密测角仪主要由自准直前置镜、平行光管、载物台（或工作台）、读数系统和轴系组成。

1. 自准直前置镜

自准直前置镜是精密测角仪的瞄准系统。为了便于调校做成可调式，为了提高瞄准精度，物镜的球差和色差都应获得良好的校正。分划板的图案应考虑采用对准精度较高的形式。在测量过程中，自准直前置镜的瞄准轴应始终垂直于度盘转轴，因为只有这样，前置镜瞄准轴转过的角度才与度盘上角度值的变化相等。

2．平行光管

当需要利用光的折射现象来进行某项测量时(如测量玻璃材料的折射率)，要给出照明光束。而在精密测角仪上所测的一般为平面光学零件，因此照明取平行光束，否则将产生不对称像差而影响瞄准精度。为了获得平行光束照明，需备有平行光管。

平行光管的物镜应与前置镜物镜有相同的要求。平行光管分划板的图案应与自准直前置镜的瞄准标志配合，形成具有较高对准精度的形式。平行光管的照明应满足测试条件的要求。

3．读数系统

精密测角仪的读数系统包括度盘、符合系统、光学测微器以及读数显微镜四个部分。

1）度盘

度盘是该仪器的标准量。精密测角仪一般备有玻璃度盘，具有较高的精度；有的仪器还同时备有金属度盘，精度稍低，但操作和读数方便，可在要求不高的场合下使用。度盘在装配时必须保证分划面的对称轴或圆周分度中心与仪器的主轴重合，否则将带来测量误差。

2）符合系统

将度盘上相差180°(即对径方向)两位置上的刻线成像在同一视场内，并使其呈线端对准的形式，以便实现符合读数法(或对径读数法)。这种读数方法可以消除由于度盘的偏心而引起的误差。符合系统的形式也有很多种，一般由两个成像系统(这两个系统分别对应对径方向上的两组分划)和一个合像系统(能把两个成像系统的像合在一个视场，并呈现线端对准形式)组成。成像系统同时起到光路折转的作用。光路的折转通常由棱镜完成。棱镜位置装校不好会引起视场中分划倾斜；而两成像系统的放大率调整不好，则会使视场中两组分划的分划间距不等，这都会影响瞄准精度。

符合读数法的视场如图2.20所示。视场中通常有两个读数窗口。上面的大窗口中，分界线上下两边分别为对径读数，靠近分界线的两排数字表示"分"，靠近边缘的两排数字表示"度"。通常在大窗口中读取"度"。下面的小窗口中，靠近分划的一排数字表示"秒"。度盘转动时，大窗口中分界线上下两组分划运动方向相反。当视场中上下两组分划值为度盘分划值的一半，例如，度盘分划值为10′，那么在视场中上下两组分划相对移动一个分划间隔时，对应度盘转过5′，或者说视场中实际分划值为5′。

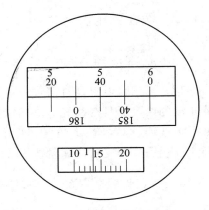

图2.20　符合读数法的视场

3）光学测微器

光学测微器是标准量的细分装置，是为了对度盘上的最小测量单位进行细分而设置的。因此，测微器的整个量程显然应为度盘的分划值，而由于符合读数法，大窗口的实际分划值是度盘分划值的一半，于是测微器的量程就只需为度盘分划值的一半。例如，度盘分划值为10′，则最大窗口中实际分划值为5′，测微器的量程即应为5′。经测微器细分后，最小分划值为"秒"，细分后的读数从小窗口中读取。

测微器的量程和大窗口中实际分划值不等时，将带来测量误差，称为行差。

4）读数显微镜

读数显微镜的作用是将符合系统所成的像放大，供眼观察并进行读数，因此只利用它的放大作用。

5）读数原理和读数方法

a. 读数原理

如图 2.21 所示，设 C 为度盘分划中心，C' 为望远镜旋转中心。假定两中心重合，那么，望远镜瞄准某一方向 N 时，正确的读数是 A，读数指标应与 A 重合。但是两心不重合时，指标就会偏离至 A' 处，这时读数为 A'，显然会造成误差，从图中可以看出，正确的读数 N_A 应表示为

$$N_A = P_0 + P_0 A = P_0 + \frac{\Delta_1 + \Delta_2}{2} \qquad (2-8)$$

式中，P_0 为度盘的某一刻度处的读数，并用弧长表示其两端对应的刻度值之差。如果令 $\frac{\Delta_1 + \Delta_2}{2} = \overline{\Delta}$，那么

$$N_A = P_0 + \overline{\Delta} \qquad (2-9)$$

在符合读数系统中，把度盘对径方向的读数成像于同一视场中，如图（b）所示。如果视场中对径方向两部分分划同时等速反向运动（如图中箭头所示），那么，对径方向上两分划像（如图中 P_0 和 P_{180}）相对运动至重合（对准）时，度盘的读数变化刚好为 $\overline{\Delta}$。如果该 $\overline{\Delta}$ 在两分划像运动至重合的过程中能被测量出来，由式（2-9）可知，就可得出该方向的正确读数，而避免了前述两心不重合带来的误差。

测微系统正是完成测量 $\overline{\Delta}$ 任务的。

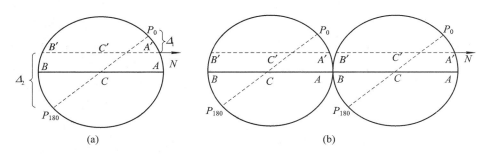

图 2.21　符合读数原理分析

b. 读数方法

（1）转动测微手轮，使度盘对径两组分划线（如图 2.20 中大窗口两组分划）精确重合；在视场中央部分从正字注记那排分划读出度和分值（如 $5°40'$）。

（2）再往读数增加的方向找出对径 180° 那条分划（如 $185°40'$），数出相差的格数，并乘以度盘分划值的一半（通常度盘分划值为 $10'$），作为整 $5'$ 位。图 2.20 中，应为 $5'$。其为 $\overline{\Delta}$ 的一部分。

（3）小窗口（测微窗）中，读数不满 $5'$ 的小数，即式（2-9）中的 $\overline{\Delta}$ 的另一部分在图 2.20 中应为 $1'13.6''$。

因此，按式（2-9），整个读数应为 $5°40' + 5' + 1'13.6'' = 5°46'13.6''$。

在上述列举的读数方法的第(2)步中，如果在视场中央读得度和分值之后，必须往读数减小的方向才能找出对径180°那条分划，那么读得的整5'的数据在最后累加时应取负值。

在上述读数步骤中，前一次读数((1)步的读数)对应式(2-9)中的P_0，而最后两次读数(步骤(2)、(3)的读数)的代数和则对应式中的$\bar{\Delta}$。

4. 载物台

载物台是为了放置被测件而设置的。它可以绕仪器主轴转动，并备有水平调节机构，以便调节被测件的状态。

三、仪器在使用前的调整

精密测角仪在工作前应做如下调整：

(1) 测角仪的主轴应处于铅垂位置。目的是使装有自准直前置镜的转台或转动臂处于重力平衡状态，否则将影响仪器的使用寿命和测量精度。此项调节可以通过调节仪器的脚螺钉使仪器基座上的圆水泡居中来实现。

(2) 自准直前置镜和平行光管必须消视差。目的是消除由于视差的影响产生的观测误差，办法是首先将自准直前置镜用自准直法消视差，然后以自准直前置镜为标准，使用可调前置镜法使平行光管消视差。须注意的是在调整时，自准直前置镜不准再调节(即伸缩筒不得再动)，只允许调节平行光管的伸缩筒。

(3) 自准直前置镜的视轴垂直于主轴。目的是保证自准直前置镜转动过程中，视轴始终处在一个平面内，并与仪器主轴(或度盘转轴、度盘分划中心轴)垂直。只有这样，前置镜视轴转过的角度才能用度盘上刻度的变化量来表示，否则将产生测量误差。调整方法是：将一标准玻璃平板置于载物台上，用自准直前置镜对向标准玻璃平板上一个工作面，调整载物台的水平调节螺丝(或前置镜俯仰)，使自准直前置镜瞄准玻璃平板的工作面。然后，转动载物台，使标准玻璃平板另一工作面对向前置镜，分别调整载物台及前置镜俯仰，至瞄准玻璃平板的工作面为止。瞄准只要求水平分划对准。在此过程中，当减小自准直像与瞄准标志(分划板刻线)之间的距离以便实现对准时，载物台和前置镜两者都应加以调整。然后再转动载物台重新瞄准第一面，以后反复进行上述步骤，直至不需调节，两面都能处于瞄准位置时，便告结束。

(4) 平行光管视轴与自准直前置镜视轴平行，且基本重合。目的是保证平行光管视轴与仪器主轴垂直，这样当使用平行光管时，由于平行光管射出的与其分划板分划中心相对应的平行光束将垂直于仪器主轴；同时防止前置镜的入瞳切割平行光管射出的轴向光束，使工作孔径变小，导致观测误差增大。调整的办法是：将自准直前置镜对向平行光管，只调平行光管的俯仰，使自准直前置镜视场中两水平分划线对准，然后将两者均做水平方位调整，使视轴均基本通过载物台转轴，视场中两组分划中心对准。

四、测角误差来源

精密测角仪的测量误差主要包括以下几方面：

(1) 度盘刻划。这是标准量的误差。当使用符合读数法时，这一误差用直径误差表示。

(2) 光学测微器的误差。此项误差包括测微器分划间隔误差和行差。

（3）前置镜视轴与仪器主轴不垂直造成的误差。

（4）前置镜的瞄准误差。引起测量误差的主要是瞄准误差。

（5）读数误差。读数时总是先使对径读数的刻线对准，然后读数。如果读数过程中的瞄准存在误差，就引起读数误差，这一误差折算到度盘上的角度值就得到测角误差。

上述各项误差中，度盘直径误差属系统误差，其它各项都具有偶然误差的性质。

2.5.2　经纬仪

光学经纬仪在一定意义上比精密测角仪有更广泛的应用。它不仅是光学测量的重要基准仪器之一，同时也广泛用于大型设备的安装、调试，更是大地测量的主要仪器。

一、光学经纬仪的特点及用途

光学经纬仪是以度盘为标准量的测角仪器。它备有两个度盘，分别为水平度盘和垂直度盘。因而，使用光学经纬仪不仅可以测量水平角，而且可以测量俯仰角。光学经纬仪的瞄准系统也是采用望远镜，但是物镜采用焦距可调式，因而构成了内调焦望远镜，这使得其瞄准范围进一步扩大，可以瞄准比可调前置镜更近的目标。为提高测量精度，望远镜采用了像方远心光路。望远镜的分划板上除刻有瞄准标志外，还刻有视距丝（两条与中心对称的间距为已知的短线），在专用的标尺（水准尺）的配合下，可以进行视距的测量。因此，使用光学经纬仪可以确定空间任意两点间的位置关系，这就是它能获得广泛应用的基本原因。此外，光学经纬仪具有很高的测量精度，并且体积小，重量轻，便于携带，便于安装于工作现场，这都为测试工作提供了很大便利。

光学经纬仪在仪器的装校过程中常用来完成如下几项工作：

（1）平行光管光管与纵导轨平行；

（2）横导轨与其转轴垂直；

（3）纵导轨与其转轴垂直；

（4）物镜夹持器中心位于平行光管光轴上等。

在光学测量中，常用它通过对角度的测量而完成某一检测任务，例如焦距的测量、棱镜角度的测量、平板玻璃平行差的测量及平行光管的调校。

二、光学经纬仪的结构

1. 望远镜

望远镜是仪器的瞄准系统，同时可进行视距测量。

2. 轴系

经纬仪有两个轴系，水平轴系和垂直轴系，望远镜装于水平轴上，并可绕水平轴系转动，从而实现望远镜在竖直面内转动，改变望远镜的俯仰。水平轴装在两个支架上，并且它们一起可以绕垂直轴转动，于是望远镜就可以改变水平方位，从而可以对空间任意点进行瞄准。

3. 度盘

经纬仪具有两个度盘，垂直度盘和水平度盘。垂直度盘装在水平轴上，用来确定望远镜在竖直面内的方位。水平度盘装在垂直轴上，用以确定望远镜的水平方位。度盘是经纬的角度标准量，它与望远镜配合可以实现俯仰角及水平角的测量。

4. 读数系统

经纬仪中，也采用符合读数法，同时设置有细分系统。读数可由显微镜读出，它与望远镜并排安置，以便于操作。

5. 水泡

经纬仪安装有两个水泡，一个作为仪器安平指示，另一个作为竖盘（垂直度盘）的读数指标位置指示（称指标水准管）。

6. 垂球或光学对中器

为将经纬仪准确地置于被测角度的顶点（称为测站点）上，或者说使仪器垂直轴中心线铅垂并通过测站点，可利用在经纬仪基座下吊一垂球的办法或通过光学对中器来实现。垂球或光学对中器就是为此目的而配置的。

7. 脚螺旋

经纬仪在使用中通常可以安置在三角架上，脚螺旋起着与三角架连接的作用，同时起着安平调节作用。

8. 三角架

三角架支撑经纬仪，便于在工作现场安装和调整。

三、水平角观测

1. 经纬仪的对中和安平

1）对中

使用垂球或光学对中器，使仪器的垂直轴中心铅垂并通过测站点。

2）安平

用脚螺旋调节水平度盘至严格水平位置。其调整方法是：首先绕垂直转动仪器的照准部（包括望远镜、显微镜、支架、垂直度盘、指标水准管等，位于仪器水平度盘的上方），使平面水准管（长水泡）与两个脚螺旋的连线平行，用两手同时转动脚螺旋，使水准管气泡居中。然后将仪器绕垂直轴转过 90°，这时水准管和上述两个脚螺旋的连线垂直，转动另一个（第三个）脚螺旋再使气泡居内。如此反复调整，直至水准管朝向任意方向气泡都居中为止。如只为测量水平角（两目标在水平面内对测站点处的夹角），经过上述两步调整后，即可进行瞄准。

2. 水平角测量方法

1）测回法

这种测量角度的方法只适用于测量两个方向之间的单角。方法如下：

如图 2.22 所示。欲测 S—1 方向和 S—2 方向间的水平角 β，经纬仪安置在顶点 S 上，S—O 表示水平度盘的零位方向。

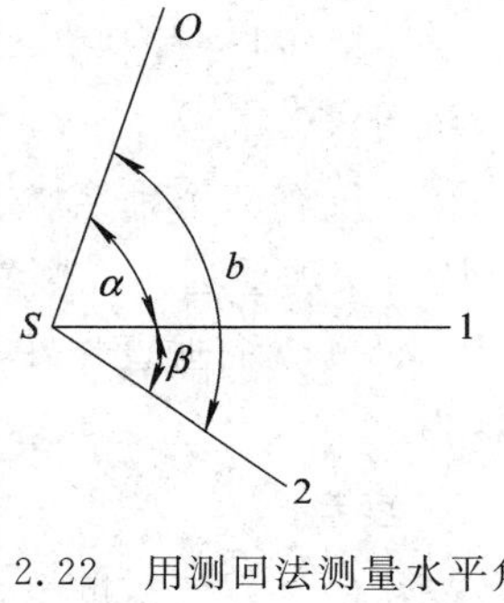

图 2.22　用测回法测量水平角

（1）取盘左位置（即测量时，垂直度盘位于望远镜的左方），经纬仪先瞄准左边目标1，得读数 a_1，然后将望远镜按顺时针方向转向 S—2 方向，并瞄准目标2，得读数 b_1。这样完成的一个过程称为半测回，这半测回称为前半测回或往测。往测得到的角度为

$$\beta_L = b_1 - a_1$$

（2）取盘右位置，经纬仪先瞄准右边的目标2，然后逆时针转动望远镜至 S—1 方向，瞄准目标1，并分别得读数 b_2、a_2。这半测回称后半测回或返测。返测得到的角度为

$$\beta_R = b_2 - a_2$$

（3）两个半测回（往测和返测）组成一个测回，于是测得的角度值计算为

$$\beta = \frac{1}{2}(\beta_L + \beta_R)$$

2）方向法

方向法适用于测量两个以上的方向。当方向多于三个并再次瞄准起始方向，称为全圆方向法。显然，全圆方向法满足闭合原则。

（1）如图2.23所示。安置经纬仪于 O 点，取盘左位置，将水平度盘的读数对准 $0°00'00''$ 或略大于0°，先观测所选定的方向（称为零方向）A，得读数 a。

（2）转动望远镜按顺时针方向依次瞄准目标 B、C、D，分别得读数 b、c、d。

（3）仍按顺时针转动望远镜，再次瞄准起始目标 A，得读数 a'，称之为"归零"。以上操作称为前半测回。

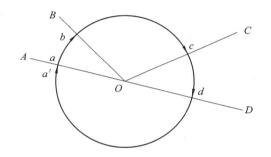

图 2.23　用方向法测量水平角

（4）取盘右位置，逆时针方向转动望远镜，依次瞄准 A、D、C、B、A 各方向，并记录相应的读数，称为后半测回。

方向测量法的数据处理如下：

（1）计算两倍瞄准误差 $2C$，其值应满足技术要求。

$$2C = 盘左读数 - (盘右读数 \pm 180°)$$

（2）计算各方向的平均读数

$$平均读数 = \frac{盘左读数 + (盘右读数 \pm 180°)}{2}$$

由于归零，起始方向有两个平均读数，应再取平均作为第一测回起始方向的平均读数。

（3）计算归零后的方向值

$$归零方向值 = 方向平均读数 - 起始方向平均读数$$

对于不同方向，只需按该式计算就得出不同方向的归零方向值。

（4）计算各测回归零方向值的平均值。

测角精度要求较高时，往往需要观测几个测回。而为了减小度盘分划误差的影响，各测回应使用度盘的不同部分进行观测，一般应根据所需测回数 n，按 $180°/n$ 变换水平度盘位置。例如，要观测两个测回，第一测回起始方向读数可放置在稍大于0°处，第二测回起

始方向读数应放置在 $180°/2=90°$ 或略大于 $90°$ 处。这种方法在前述测回法中同样适用。

当一次测量包含几个测回时,应计算各测回归零方向值的平均值,作为该方向的最后结果。

(5) 计算各水平角值。

将相邻两方向值相减,即可求得各水平角值。

四、竖直角观测

竖直角是指同一竖直面内倾斜视线与水平线之间的夹角,又称倾角。

为了获得水平视线,使用指标水准管。将水准管和竖盘的读数指标(游标测微尺的零分划线)固连在一起,当水准管(一般都安置在竖盘横轴的一端)气泡居中时,读数指标刚好处于竖直方向,此时只需使度盘上某一规定的读数(不同的仪器规定的该读数可能不同,但一般都为 $0°$、$90°$、$180°$、$270°$ 之中的一个)与读数指标对准,则望远镜的瞄准轴就处于水平。

如果指标水准管气泡居中时,望远镜瞄准轴不处在水平位置,那么倾角大小可由此时的度盘读数和瞄准轴水平时规定的读数之差来求得。

对竖直角的观测同样应取盘左位置和盘右位置,由两个半测回构成一个测回,并求得两半测回测得结果的平均值,作为测量结果。

2.6 积分球和球形平行光管

2.6.1 积分球

积分球又称球光度计,是光度测试设备之一。它的主要用途是测量光源发出的总光通量,也广泛用于光通量的比较测量中。在某些情况下,为了获得均匀的照度也会用到它。

一、积分球的工作原理

如图 2.24 所示,假定把一个光源(其发光强度的分布不加限制)引入球体内,然后讨论内壁任一点处的照度。设光源在球体内的位置任意,球体内壁为漫反射,反射系数 ρ,且假定处处相等。

在内壁上任一点 N 处取面元 $\mathrm{d}S_N$,而在另一点 Q 处取面元 $\mathrm{d}S_Q$。光源发出的光线照在面元 $\mathrm{d}S_N$ 上(其它部位受的照射暂不考虑),设直射照度为 E_z。$\mathrm{d}S_N$ 被照明后,使光线漫射,则其面发光度为 $E_N = \rho E_z$。小面元 $\mathrm{d}S_N$ 上发出的总光通量为

$$F_N = E_N \, \mathrm{d}S_N = \rho E_z \, \mathrm{d}S_N \qquad (2-10)$$

另一方面,由亮度的定义得到下式

$$\mathrm{d}F = B_N \, \mathrm{d}S_N \, \mathrm{d}\omega \cos\alpha$$

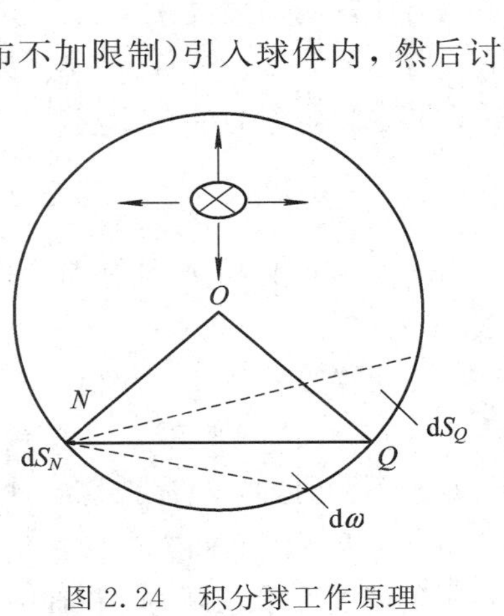

图 2.24 积分球工作原理

式中:α 为面元 $\mathrm{d}S_N$ 的法线与 $\mathrm{d}\omega$ 中心线的夹角;B_N 为面元 $\mathrm{d}S_N$ 在 $\mathrm{d}\omega$ 中心线方向的亮度。假定内壁可认为是余弦辐射体,即 $B_N =$ 常数,与方

向无关，那么，面元 dS_N 向整个球内壁发出的全部光通量可以表示为

$$F_N = B_N \pi \, dS_N \qquad (2-11)$$

比较式(2-10)和式(2-11)得到

$$B_N = \frac{\rho E_z}{\pi} \qquad (2-12)$$

面元 dS_N 被照明后，其第一次漫反射光将照射 Q 点，在面元 dS_Q 上产生的照度为

$$E_Q = \frac{\rho}{4\pi R^2} \int_s F_{ON} \, dS_N \qquad (2-13)$$

式中，$\int_s F_{ON} \, dS_N$ 是光源照在整个球内壁上的光通量，于是

$$E_Q = \frac{\rho}{s} F = \rho \overline{E} \qquad (2-14)$$

其中：F 为光源发出的总光通量；s 为球内表面积；$\overline{E}$ 为光源对球内壁直接照射时产生的平均照度。

二、积分球的结构

在讨论积分球的工作原理时，必须做如下规定：
（1）积分球为理想的球体；
（2）内壁为余弦反射体，$\rho \approx 1$，且处处相等；
（3）测量时要排除直射照度 E_z。
这些条件在具体装置中显然都应该得到满足，如图 2.25(a)所示，具体的要求是：

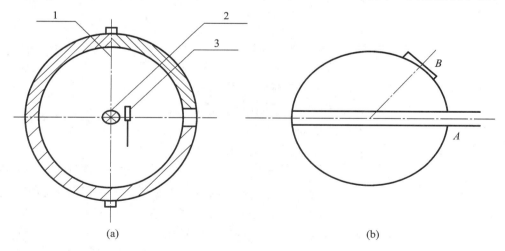

1—灯架；2—光源；3—挡板

图 2.25　积分球结构示意图

（a）用于绝对测量的积分球；（b）用于比较测量的积分球

　（a）不同方向上球体直径的相对误差小于 $\pm 0.2\%$，直径的大小不应小于被测光源线度的 6 倍。直径大些，容易保证面形有较小的相对误差，同时可以减小由于光源的反射而引起的对理想条件的偏离。因此，从保证测量精度的角度来说，直径大些是有利的。

　（b）为了满足第(2)点要求，内壁可做如下处理：

首先在球内壁上涂一层腻子，作为底层；然后喷白漆，作为中间层；最后喷一层白涂料（硫酸钡或氧化镁），厚约 1 mm，作为表面层。

在讨论工作原理时，对光源的位置没有加以限制。实际上，由于 ρ 不可能十分均匀，光源的位置会有些影响，为了减轻这种影响，光源常安在球心处。

（c）为了实现第（3）点要求，可以设置挡板，挡掉光源直接照射引起的照度 E_z。为了避免挡板对反射光线的遮挡，挡板的尺寸不能太大，因此，挡板常设置在距球心三分之一半径处，最小尺寸为光源尺寸的三分之二。挡板及支撑杆要涂以与球内壁相同的涂料。测试窗口一般开在球体的水平轴线上。为了不因开窗口而引起对工作原理有太大的偏离，窗口在满足要求的前提下应尽可能小。

为了便于操作，通常将积分球做成由两个半球组合而成。

当为了比较由外面射入的光通量时，积分球的结构可以有所不同，如图 2.25(b) 所示。此时，积分球应开一个光束的入口，一般开在水平轴线上。测试窗口则开在与其约成 45° 的径向上。由于直射光束不能射到测试窗口，因此用不着挡板。因为内部不装灯，所以也不必用光源支架。这时积分球的作用主要是保证测试窗口或光电接收器得到均匀的照度，防止由于光电元件表面上各点灵敏度不同而引起的测量误差。

2.6.2 球形平行光管

所谓球形平行光管，就是其外形为球形、于明亮均匀的背景上造成无限远的黑色目标的平行光管。通常用它来测量系统的杂光系数，以评价杂散光对系统成像质量的影响。

一、球形平行光管的结构

如图 2.26 所示，球形平行光管主要由球体、物镜、塞子和牛角形消光管、光源等几部分组成。

球体是球形平行光管的壳体，其内壁的处理与积分球相同。物镜装在球壁上，其焦距等于球体的直径，以便在物镜的对径方向上安装小孔形目标物。塞子是小孔的载体，装上带小孔的塞子，并且在牛角形消光管的配合下，小孔就成了黑色的（消光的）目标物。牛角形

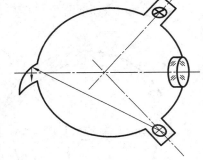

图 2.26　球形平行光管结构示意图

消光管除了由于其特殊的形状外，还由于在其内壁涂有无光黑漆或贴一层黑天鹅绒，因而进入其内部的光线被吸收掉，构成了黑体，使平行光管可以给出无限远的黑色小孔目标。塞子还备有一种白色的，其对应于球内壁的一面，也如同球内壁一样做了处理，因此，当安装白色的塞子时，球内壁就构成了均匀的统一背景，这时球形平行光管将给出一个无限远的亮度均匀的表面。光源设在物镜一边的球壁上，对水平轴线对称分布数只灯泡，以照亮球内壁，但要求它们的光不可直接照在物镜上，以防产生杂散光。

二、对球形平行光管及接收装置的要求

1. 对照度的要求

（1）亮度均匀性。球内壁上对应于被测物镜 1/2 视场的范围内，亮度差别不大于 5%，

其它部分亮度差别不大于 8%。

（2）亮度的稳定性。在完成一次测量的时间内，亮度的变化不应超过 5%。

（3）黑区（即带孔塞子的小孔）的直径经被测物镜所成的像为像面最大尺寸的 1/10 左右。黑区的亮度小于其它部分（亮背景）的 10^{-3} 倍。

2. 对接收器的要求

（1）接收器常选用光电倍增管，以便获得较高的灵敏度。在光电倍增管之前应加散射屏，以获得均匀的照度。在散射屏之前放置小孔光阑，光阑直径为黑区像直径的 1/5。

（2）接收器的灵敏度在完成一次测量的时间内变化不得超过 2%。

（3）在测量的范围内，接收器应保证线性响应。

当研究不同视场的杂光时，只需在球的不同位置（对应不同的视场处）开口，并加开孔塞和牛角形消光管；当研究不同谱线的杂光时，可在接收器的小孔光阑和散射屏之间加入不同的滤光片。

2.7 单 色 仪

众所周知，白光是由多种波长的单色光组成的复色光。然而在许多场合，我们需要单色（或准单色）光。为了获得单色光，采用单色光源（例如普通的光谱灯）是途径之一。但是单色光源一般只能给出确定的谱线，不能完全满足要求。从白光中分解，是获得单色光的另一途径。这种方法允许在较宽的范围内获得任一谱线的单色光。单色仪就是分解白光从而可以在一定范围内获得任一谱线单色光的仪器。为使白光分解，需要色散元件，通常采用的色散元件有棱镜和光栅。下面我们以用棱镜作为分光元件的棱镜式单色仪为例，说明其工作原理。

2.7.1 棱镜式单色仪的工作原理

图 2.27 为棱镜式单色仪的工作原理示意图，其中，色散棱镜是色散元件。为使其分解白光，必须使白光通过棱镜。但为了能从色散后的光束中分出单色光，对入射光必须进行选择。采用会聚光（或发散光）照射棱镜时，由于棱镜没有等光程性，因此每一波长的光通过后不会再交于一点，不能形成清晰的光谱，不利于分出单色光。采用平行光照射时，同一波长的光通过棱镜后会聚于无限远，因此是较理想的照明方式。而为获得平行白光照明，可以采用平行光管。它由光源 1、入射狭缝 2 和准直物镜 3 构成。平行的白光通过色散棱镜 4 后，由于棱镜的色散作用，不同的谱线将仍是一束平行光按不同的方向行进，为了使不同的谱线在有限距离处形成光谱（进行空间分离，以便进一步分出单色光），可使用分聚物镜。因此，会聚透镜 5 就是完成这一任务的。由于不同谱线在会聚透镜 5 的焦平面上已实现了空间上的分离，因而使用出射狭缝就能选择出所需要的谱线。一般地说，狭缝窄些，选择出的单色光的单色性就好些，这是不难理解的。这也是采用狭缝而不采用其它形式光阑的原因。入射狭缝 2 将在会聚透镜 5 的焦平面上形成它的像，像的大小取决于系统的横向放大率。但是当系统的结构参数确定之后，显然入射狭缝的宽度越大，其像的宽度也越大。不同谱线构成的入射窄缝的像在会聚透镜的焦平面上将彼此重叠，像的尺寸越大，重叠越严重，这种重叠会影响到选择出的单色光的纯度，因而入射光阑也取狭缝的形

式。至于光源的光谱组成显然应满足对单色仪光谱输出的要求，并且要有足够的强度。

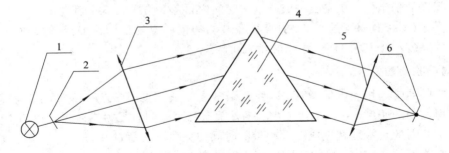

1—光源；2—入射狭缝；3—准直物镜；4—色散棱镜；5—会聚透镜；6—出射狭缝

图 2.27　棱镜式单色仪工作原理示意图

2.7.2　单色仪主要零件的要求

一、准直物镜

狭缝一般都比较窄，而色散棱镜一般也不大，所以准直物镜和会聚透镜工作在小孔径小视场的情况下，此时，主要是对色差、球差和慧差进行校正。如果采用自准直系统，则可以省掉一个物镜。单色仪所用的物镜有透射式和反射式两种。反射式的优点是不产生色差，并有较宽的应用范围（如在紫外、可见和红外区都可用），但工艺性较差。

二、狭缝

狭缝是单色仪的重要零件之一，其作用是限制入射和出射的光束，并决定着光谱的能量、宽度或纯度。对狭缝的要求如下：

（1）狭缝刃口要严格平行，否则其像就为两边不平行的光带，加强了像的重叠性，从而影响输出的单色光的纯度。

（2）刃口不应有缺口，且应处于垂直于光轴的同一平面上。其原因与上面的分析一致。

（3）狭缝的高度和宽度应可调整，这是为了调节获得的单色光的能量和纯度。

（4）调整狭缝时应保证刃口均匀对称地移动。

三、色散元件

棱镜作为色散元件，由于透射率的限制，工作范围较窄；而光栅作为分光元件则有较宽的工作范围，并且可能获得较纯的单色光。

2.7.3　单色仪的主要光学性能

对单色仪的要求是：能在一定的范围内给出不同波长的单色光，并且单色光要有一定纯度和强度。因此，常用下面几项特性来表示单色仪的性能。

一、工作光谱区

单色仪输出的能够记录到的单色光的波长范围，称为单色仪的工作光谱区。工作光谱区主要取决于仪器中光学元件的透过率和反射率。不同类型的单色仪,其工作光谱区是不同的。

棱镜式单色仪的工作光谱区,主要由棱镜材料的透射光谱区决定。例如,石英玻璃可工作在紫外、可见光谱区,无色玻璃棱镜则工作在可见、红外光谱区。

光栅式单色仪的工作光谱区较宽,改变光栅的参数和光栅表面的光谱反射率,可以扩展到整个光谱区。

二、色散率

色散率是指光谱在空间按波长分离的尺度。它可以用光线通过棱镜后的偏向角对波长的变化来表示,称为角色散率;也可用确定的平面上(如会聚透镜的焦平面上)光线偏离光轴的距离对波长的变化率表示,并称为线色散率。而为了使用上的方便,也常用线色散率的倒数表示,即谱面上每毫米长度内所包含的谱线宽度(用纳米作单位),称为倒数色散率(nm/mm)。

三、分辨率

单色仪输出的单色光,是用狭缝在谱面上选择出来的有一定波长范围的光。为了提高输出单色光的纯度,自然想到可以减小狭缝的宽度。但是,由于衍射的影响,入射狭缝的像必然比理想的尺寸要大。若两谱线的像靠得很近,它们就彼此重叠,重叠到一定程度,在空间上它们就是不可分的。因此,减小狭缝宽度并不能使输出的单色光纯到任意的程度。这就涉及单色仪对不同谱线的分辨本领。用单色仪输出的,按照瑞利(Rayleigh)准则刚能分开的两谱线的波长间隔 $\Delta\lambda$,用两谱线波长的平均值 $\bar{\lambda}$ 除以两谱线的波长间隔 $\Delta\lambda$ 而得到的值,就定义为单色仪的分辨率,表示为

$$R = \frac{\bar{\lambda}}{\Delta\lambda}$$

$(2-15)$

实际上,单色仪的分辨率受很多因素的影响,例如,所采用的作为"可分辨"的那个标准、照明的质量、光学零件和色散元件的质量、整个系统的像质、仪器的装配和调校质量、入射和出射狭缝的宽度,以及相邻两谱线的相对强度等,因此,确定单色仪的实际分辨本领较为复杂。为简单实用起见,有时规定为"以能分辨某元素的很靠近的谱线代表分辨率"。

四、光强

单色仪的光强指的是单色仪输出单色光的强度。提高单色仪光强度的主要途径是增加光源的亮度、减小反射和吸收损失以及采用大相对孔径的物镜。大量研究表明,在不考虑系统的像差和衍射的情况下,单色仪的光强和物镜相对孔径平方成正比,与光的亮度和透过率成正比,与角色散率成反比,与出射狭缝的宽度成正比以及与物镜焦距成反比。这就为提高单色仪光强度提供了较好的途径。

2.7.4　常用单色仪简介

一、反射式圆盘单色仪

反射式圆盘单色仪是采用反射式物镜,并以棱镜作为色散元件的单色仪。如图 2.28 是

其工作原理示意图。

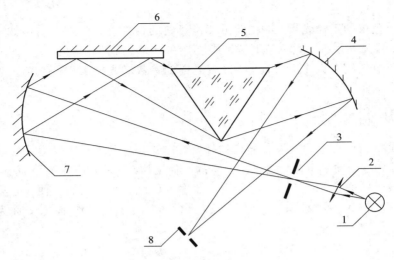

1—光源；2—聚光镜；3—入射狭缝；4—反射物镜；5—色散棱镜；
6—平面反射镜 7—反射物镜；8—出射狭缝

图 2.28　反射式圆盘单色仪原理示意图

光源 1 发出的白光经聚光镜 2 照明位于反射物镜 7 焦平面上的入射狭缝 3，光线经反射物镜 7 反射后成为平行光，在平面反射镜 6 上反射后射向色散棱镜 5，透过色散棱镜的光射向反射物镜 4，反射后在其焦平面上形成光谱。出射狭缝 8 置于反射物镜 4 的焦平面上，并位于光轴上，以便选择出所需要的单色光。

为了使任意单色光都能从出射狭缝出射，必须使光谱上不同的谱线都能移至出射狭缝处。为此，应该转动色散棱镜 5（当物镜和狭缝位置固定时）。在棱镜的转动过程中，工作条件不应被破坏，这就有必要采用补偿措施，平面反射镜 6 就是为此目的而增设的。平面反射镜和色散棱镜刚性地一起转动，就能保证工作条件不变。

二、光栅式单色仪

图 2.29 为光栅式单色仪的工作原理示意图。光源或照明系统发出的光束均匀地照在入射狭缝 S_1 上，S_1 位于离轴抛物镜 M_1 的焦平面上，光通过 M_1 变成平行光照射到光栅 G 上，再经过光栅衍射返回到 M_1，经过反射镜 M_2 会聚到出射狭缝 S_2，由于光栅的分光作用，从 S_2 出射的光为单色光。当光栅转动时，从 S_2 出射的光由短波到长波依次出现。

图 2.29 的光学系统为李特洛式光学系统，这种系统结构简单，尺寸小，像差小，分辨率高，更换光栅方便。光栅单色仪的核心部件是闪耀光栅 G，闪耀光栅是以磨光的金属板或镀上金属膜的玻璃板为坯子，用劈形钻石尖刀在其上面刻画出一系列锯齿状的槽面形成的光栅（由于光栅的机械加工要求很高，所以一般使用的光栅是由该光栅复制的光栅），它可以将单缝衍射因子的中央主极大移至多缝干涉因子的较高级位置上去。多缝干涉因子的高级项（零级无色散）是有色散的，而单缝衍射因子的中央主极大集中了光的大部分能量，大大提高了光栅的衍射效率，从而提高了测量的信噪比。

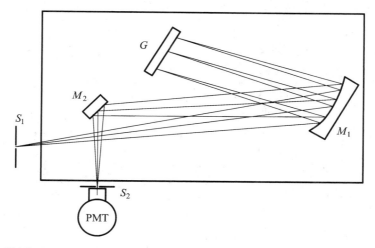

S_1—入射狭缝；S_2—出射狭缝；M_1—离轴抛物镜；G—闪耀光栅；M_2—反光镜；PMT—光电倍增管

图 2.29 光栅式单色仪工作原理示意图

最后还应指出，在棱镜式单色仪中，由于狭缝两端发出的光线通过棱镜时，与主截面成一角度，因此非主截面内折射顶角就要比主截面内折射顶角大些，非主截面内的色散率也要比主截面的色散率大些，于是，直狭缝所获得的谱线是弯曲的，谱线两端偏向短波方向，成一抛物线形状。谱线的弯曲影响到输出的单色光的纯度。在光栅式单色仪中，色散元件是平面反射光栅，因而没有谱线弯曲现象，并且不会造成附加像差，所以可以获得比棱镜式单色仪更纯的单色光。

2.8 干 涉 仪

用干涉的方法测量可以获得很高的精度，这是因为它以光的波长作为标准量，比其它任何的标准量所能给出的最小度量单位都小，并且测量的准确度也更高。例如，波长的准确度可达 10^{-8} mm，而标尺的准确度只能达到微米的数量级。采用细分的方法，还可以将波长细分，因此，干涉的方法可以达到与光波长几分之一相对应的精度或更高的精度。

干涉法的另一个特点是灵敏高。它能将被测量的微小变化通过干涉条纹的特征反映出来，并为接收器所察觉，这是保证测量精度的前提。当然，高的灵敏度会影响到仪器工作的稳定性，这在设计和使用时都是应该注意的。

下面介绍几种常见的干涉仪。

2.8.1 有标准镜的干涉仪

一、平面干涉仪

图 2.30 为平面干涉仪的光学原理图。其原理是：以标准平晶上反射的平面光波作为参考光波，以被检表面反射的接近平面波的光波作为被测光波（双光束干涉）。两束光波行进的路程大体一致（单臂）。干涉仪的入瞳 S 位于物镜 6 的焦平面上，因而光源发出的光波透

过析光镜 4 经物镜 6 准直后成为平面波。它透过标准平晶 7（其下表面 9 为参考平面）射向被检表面（被测件 8 的被检面 10），由被检面反射的光波带有受检表面面形的信息，作为被测光波。以标准平晶 7 的参考平面上反射的平面波作为参考光波。参考光波与被测光波经物镜 6 后分别以焦平面上的 S_1、S_2 为焦点，并由观察孔 5 射出，以备接收器接收。

目前，通常都采用 H_e-N_e 激光器作为平面干涉仪的光源。由于其具有很好的单色性和方向性，因而可以把它看作是单色点光源。此时，仪器入瞳 S 为点，而出瞳 S_1、S_2 也可视为点，干涉属于非定域性质。但是，为了检验被检面的面形，按出窗的选择原则，可将出窗选在标准平面和被检面之间的空气楔附近或其共轭位置处。当用眼直接观察时，两出瞳 S_1、S_2 应调整到互相靠近，防止到眼瞳的切割。改变 S_1、S_2 之间

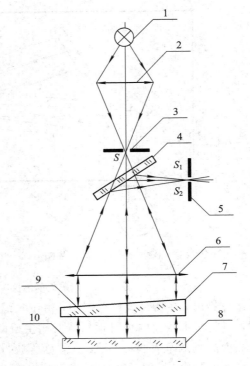

1—光源；　2—聚光镜；　3—小孔光阑；　4—析光镜；　5—观察孔；
6—物镜；　7—标准平晶；　8—被测件；　9—参考平面；　10—被检面

图 2.30　平面干涉仪原理示意图

的距离，就可以选择合适的条纹间距。必要时可在观察孔后面设置屏幕，以便在屏幕上观察干涉条纹。

当采用钠灯等普通单色光源时，为了使干涉条纹有足够的亮度，入瞳 S 就应有一定大小，而不能再认为是单色点光源。因此，干涉表现出一定的定域性。特别是由于普通单色光源的相干性的限制，一般只有在标准平面和被检面组成的空气楔附近才能观察到干涉现象。这时出窗的位置就更不能任意选择，而必须选在上述位置或其共轭位置处。

测量时，调整被检面与标准面成一微小角度，从而使两相干波面形成等厚干涉。因此，平面干涉仪就是应用等厚干涉的原理来检验光学表面平面度的光学仪器。因为平面干涉仪使用激光器作为光源，因此又称为激光平面干涉仪。

二、泰曼—格林干涉仪

泰曼—格林干涉仪又称为棱镜透镜干涉仪或泰曼干涉仪。这是一种双光束干涉仪，同样也是利用等厚干涉原理进行工作的。通常用来测量光学表面的平面度、玻璃平板的平行度、棱镜的角度误差和综合误差、透镜的球差和色差、光学均匀性和波象差等。

在此干涉仪中，参考光波是由标准平面反射的平面光波，测试光波是由标准平面波经测试系统反射、折射和透射后而得到的接近平面的光波。与前述的平面干涉仪不同的是测试系统不只限于平面反射面，它还可以是球面，也可以是棱镜和透镜等；还有一个不同的

方面，泰曼干涉仪将获得参考光波的参考光路和获得测试光波的测试光路分为两路，只在最后部分重合在一起以实现干涉，因而属于双臂（双光路）干涉仪。与此对应的，平面干涉仪属于单臂（共光路）干涉仪。

双臂干涉仪的优点是测试光路的安排较为灵活，因而可以完成多种测试目的，但是由于两支光路不重合，容易受外界干扰，并且两支光路可能有较大的光程差（可以通过特定的条件调节两支光路的光程差为零），因此对光源的相干性有较高的要求。单臂干涉仪的特点刚好与其相反。它的显著优点是对干涉仪的零件要求较低，因为它们对于两波面具有相同的误差，而对两波面间的差别影响不大。同时，单臂干涉仪所形成的干涉条纹比较稳定。

在使用双臂干涉仪时，当两支光路的光程差很小时，可采用普通单色光源；否则，就选用激光作光源。如图 2.31 所示为泰曼干涉仪的光学原理图。图的右边画出了测试无光焦度系统及透镜时的测试光路形式。下面对干涉仪的工作原理做简单介绍。

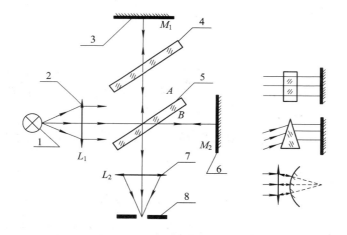

1—光源；2—准直物镜；3—参考反射镜；4—补偿板；
5—析光镜；6—被测反射镜；7—观测物镜；8—观测孔

图 2.31　泰曼干涉仪光学大原理示意图

在图 2.31 中，光源 1 发出的光线经准直物镜 2 后成平行光，并由析光镜 5 的上表面 A 分为两路，一路反射后透过补偿板 4 并在参考反射镜 3 上反射，反射后的光线再透过补偿板和析光镜构成参考波面（参考平面波）。平面反射镜 M_1 称为参考反射镜。这支光路称为参考光路。另一路在析光镜 5 上表面折射后透过析光镜，并在反射镜 6 上反射，反射光线再经析光镜上表面反射后射出析光镜，形成测试光波。反射镜 M_2 称为测试反射镜。在析光镜的下表面 B 上反射的光波是不需要的，因此，在设计时应保证这些光线不能进入干涉仪的出窗。

参考光波和测试光波分别为平面波和近似平面波，它们之间的光程差取决于两支光路的光程差。通常调整到两列光波夹有一微小角度，以便观察它们形成的等厚干涉条纹。补偿板的作用是补偿两支光路的光程差，这有利于降低对光源相干性的要求。补偿板还能对各色光的光程同时进行补偿，因此，当两支光路的光程差接近于零时，允许使用白光作为光源，从而可以用消色条纹来确定两支光路的等光程性。目前，国产的一些泰曼干涉仪通常不带补偿板，因而一般不适于用白光作光源，必须采用普通的单色光源或使用激光作光源。

观测物镜 7 的作用是为了便于观察，它将相干的两列光波分别会聚为两点，以便使对应整个波面的光线都能进入眼睛，这样才有可能看到整个干涉场，因而也称为场镜，它并不是实现两束光干涉所必需的，实际上它是干涉仪的辅助设备。

当干涉仪采用普通单色光源时，光源可以放在图中所示位置，或用一成像系统成像在图中所示光源 1 位置，并加入小孔光阑来调节入瞳的大小。此时，因入瞳有一定大小，干涉有定域性，同时考虑到光源的时间相干性的影响，出窗应选在条纹的定域面处或与其共轭的位置处。通常，总是调整参考反射镜 M_1 与光路垂直。利用物理光学中分析迈克尔逊干涉仪时引入的"虚平板"的概念，易于得知，定域面就在 M_2 位置处，而该位置也较为靠近测试波面形成的位置。

当干涉仪采用 He—Ne 激光器作为光源时，应使激光束聚焦在图中所示的光源 1 位置。这里就是仪器的入瞳，而在观察孔 8 附近，形成仪器的两个出瞳。在此情况下，干涉可认为是非定域的。

三、球面干涉仪

球面干涉仪是用来检验球面面形误差和球面曲率半径的干涉仪。球面干涉仪也有单臂和双臂两种类型。使用激光作为光源的球面干涉仪，称为激光球面干涉仪。

1. 单臂式激光球面干涉仪

单臂式激光球面干涉仪也称斐索(Fizeau)干涉仪，其原理如图 2.32 所示。其工作过程简述如下：

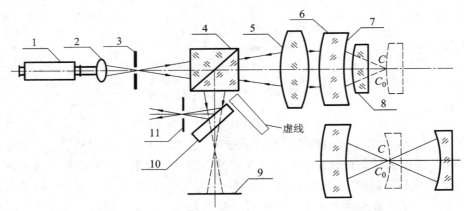

1—He—Ne激光器；2—聚光镜；3—小孔光阑；4—析光棱镜；5—固定物镜；
6—标准镜组；7—参考球面；8—测试件；9—投影屏；10—转换反射镜；11—观察孔

图 2.32　单臂激光球面干涉仪光学原理示意图

He—Ne 激光器 1 发出的激光束经聚光镜 2 会聚后，经析光棱镜 4，再经固定物镜 5 准直后形成一束高质量的平面波。该平面波进入标准镜组 6 并在其最后一面 7 反射形成参考球面波。为了降低其它面的反射，它们都应镀上减反膜。为保证参考球面波的质量，平面波进入标准镜组后，出射光线应垂直于标准球面。由标准球镜组射出的球面波在测试件 8 上反射就得到测试球面波。参考球面波和测试球面波在光线的回程中相遇，发生干涉现象。对它的分析，就如同前面对激光平面干涉仪的分析一样。

但是，当由标准镜组射出的球面波的焦点与测试球面的顶点重合时，反射波面对入射波面完全翻转了，此时对光源的空间相干性要求较高，因而一般采用激光作为光源。图2.32 中画出了分别检验凸球面和凹球面的情况。

引入转换反射镜 10 的目的，是为了实现用眼直接观察和使用投影屏观察两种方式。

干涉仪的入瞳在聚光镜的焦点处。两个出瞳在析光镜下方固定物镜的焦平面处。它们分别对应于参考球面波的球心和测试球面的球心。当两出瞳完全重合时（参考球面球心 C_0 与测试球面球心 C 重合），如果测试球面波也为理想球面波，那么，干涉仪的出窗就不会出现干涉条纹。若测试球面波为近似球面波，出窗上就会出现干涉条纹，当两出瞳微微偏离时（实际上两出瞳总不易调节到完全重合，因此这种情况是常见的），由两点光源干涉的性质可以知道，这时会出现很稀的直条纹，如图 2.33(d)所示。两出瞳的其它位置关系和干涉条纹的形状表示在图 2.33 的(a)、(b)、(c)中。

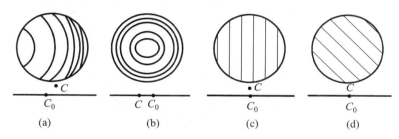

图 2.33　两出瞳的位置与干涉图案的关系

2. 双臂式激光球面干涉仪

如图 2.34 所示为双臂式激光球面干涉仪的光学原理图。图中标准平面反射镜 3、析光镜 4 组成参考光路；析光镜、扩束系统 5、6 及标准物镜 7、测试件 8 组成测试光路。参考光

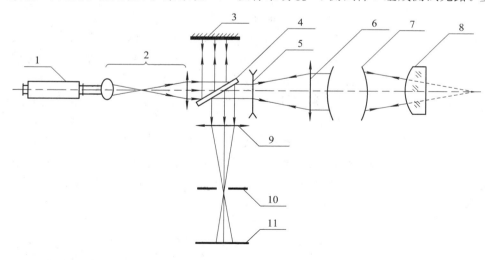

1—He—Ne激光器；2—扩束系统；3—标准平面反射镜；4—析光镜；5、6—扩束系统；
7—标准物镜；8—测试件；9—观察物镜；10—小孔光阑；11—投影屏

图 2.34　双臂式激光球面干涉仪光学原理示意图

波由标准平面镜反射而获得，测试光波由测试件表面反射而获得，其工作原理和前述的干涉仪基本相同。

2.8.2 无标准镜的干涉仪

前述干涉仪中，参考波面是由标准镜反射而得到的。但是，这不是获得参考波面的唯一方法。如下所述的几种干涉仪中就没有标准镜，参考波面是通过衍射而获得的。

一、点衍射干涉仪

由菲涅耳衍射公式容易得出，当衍射孔径为点或针孔时，衍射光波为球面波，这给我们指出了获得球面波的新途径。为了保证衍射得到的球面波与被测波面相干，针孔应置于被测光波的光场之中。例如把针孔置于被测会聚波面的焦点处，如图 2.35 所示。为了保证衍射产生的球面波的质量，针孔对接收器来说必须可认为是点。而要得到对比度较好的干涉图，还应注意两列光波的强度对比。

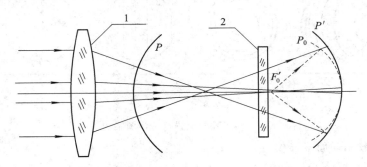

1—被检物镜；2—针孔板

图 2.35　点衍射干涉仪原理示意图

点衍射干涉仪的工作原理：一束平面波入射到被检物镜 1 上，形成近似于球面的波面 P。在物镜 1 的焦平面附近安置针孔板 2，针孔板是一中心带有针孔的半透光的薄玻璃板。针孔板在光束的照射下，由针孔（假定针孔位于物镜 1 的近轴焦点 F_0' 处）的衍射给出一个标准的波面 P_0，与此同时，波面 P 通过针孔板，转换成波面 P'。这样，标准球面波前 P_0 和被测波面 P' 将相互干涉，形成干涉条纹。

为了使透过针孔板的光与由针孔衍射的光强度相近，以获得较好的条纹对比度，针孔板的透过率应在 $5‰\sim5\%$ 之间，通常取 1%。当用眼直接观察干涉图时，眼瞳必须位于针孔板 2 之后并接近平板，这与观察阴影图时相类似。为了观察到高对比度的干涉图，在整个瞳孔范围内，必须满足

$$d < \frac{1.22\lambda}{\sin u'}$$

其中：d 为针孔板上针孔的直径；u' 为边缘光线与光轴的夹角；λ 为工作波长。例如，当被测物镜的相对孔径为 1：5，工作波长 $\lambda=0.6~\mu m$ 时，由上式可计算得 $d<7.3~\mu m$。

另外，当用点衍射干涉仪检验被测波面时，到两波面相遇时，被测波面已有一定的传播距离，特别是当被检透镜的焦距较长时，该距离就更大。为了避免波面传播时变形带来

的误差，被测波面对球面不应有太大的偏离。或者说，点衍射干涉仪适用于检验像差较小的系统或零件。

二、散射板干涉仪

上面讲的点衍射干涉仪只能用在会聚光路中，对于反射面（特别是凹反射面）的检验，可采用类似于自准直法与上述点衍射干涉仪相结合的散射板干涉仪（又称伯奇干涉仪）。

图 2.36 为散射板干涉仪的原理图。图中散射板 4 是该仪器的关键零件，它的质量决定了干涉图的对比度。对散射板的主要要求是散射中心的配置相对于轴线应对称。散射中心的大小约为 $3\sim4~\mu m$，它可认为是由很多满足上述要求的针孔组成的，同时半透光。它是点衍射干涉仪针孔板的发展。

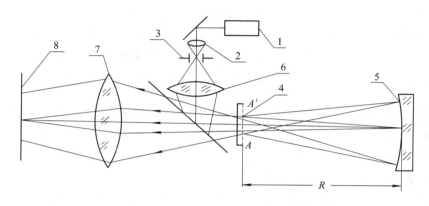

1—光源；2—聚光镜；3—针孔；4—散射板；5—被测凹面镜；
6—投影物镜；7—成像物镜；8—观察屏

图 2.36　散射板干涉仪原理示意图

散射板干涉仪的工作原理是：光源 1 发出的光经一反射镜将光线反射至聚光镜 2 上，并通过针孔 3，再通过投影成像物镜 6 将光线入射到析光镜 L 上，经散射板 4，最后成像在被测凹面镜 5 上。散射板上 A 与 A' 为完全一致的衍射中心。当 A 被照明衍射后形成一个标准的球面波，该球面波在被检反射面上反射后，形成带有被测面面形信息的变形球面波，它以 A' 为中心。这以后的工作原理就与点衍射干涉仪相类似了。在观察屏 8 的位置可看到被测波面与 A' 衍射形成的标准球面波的干涉。显然，上面的讨论对散射板 4 上难以计数的任何一对对称排列的散射中心都成立。如果散射板相对于被检反射面移动，被测波面的曲率将发生变化，因此，干涉条纹也将发生变化。

点衍射干涉仪和散射板干涉仪设备简单，同时，参考光波与被测光波共路，因此仪器抗干扰能力强。特别是它们不需要标准镜，这给检验大口径的系统提供了又一种方法。

这两种干涉仪中，被测波面同样都是与标准波面干涉的，因此干涉图的判读与泰曼干涉仪完全相同。

三、剪切干涉仪

前述的各种干涉仪中，总是设法得到一个参考波面，并且它是作为理想波面的代表，被测波面与其比较(用干涉的方法)就可以发现并测量出被测波面对理想波面的偏离,进面求得引起这一偏离的因素,实现干涉计量。但是获得高质量的参考波面,常常需要高质量的光学零件,特别是当被测件的孔径较大时,就要求孔径足够大的波面,在有标准镜的干涉仪中,这就需要大孔径高质量的光学零件。如孔径大于 200 mm 时,这些光学零件的制做已相当困难,即便是能做出来,从经济上考虑可能也是很不值得的。因此,人们又研究出不用标准波面的干涉仪。

如果设法将被测波面(它应具有空间相干性)分裂成两列波,由于它们是从同一波面上分出的,因而是相干的,使它们相遇便会产生干涉现象。相干是在两波面重叠区产生的,而由于两波面是完全一样的,只是由于孔径和位置(或方位)发生了变化,因而称为错位(剪切)干涉。干涉图就反映两波面在重叠区各点处相互间的偏离。据此,可以求得错位前的波面对球面的偏离量。由于这种方法不需要理想参考波面,因而避免了如前述有理想参考波面干涉仪的许多麻烦,并且由于分裂后的两波面通常是共光路的,所以抗干扰能力强,设备也简单。但是,由于干涉条纹不是直接反映被测波面对理想波面的偏离,而是反映原始波面(它通常就是被测波面)和错位波面(错位后的波面)之间的偏离,因而条纹判读较为麻烦。

剪切干涉仪提出的新问题是错位产生的方法和干涉条纹的判读方法。波面错位的方法很多,主要有横向错位、径向错位、旋转错位和翻转错位,本节仅介绍几种应用较多的横向剪切干涉仪。

1. 横向剪切干涉图和横向剪切基本方程式

所谓横向剪切,就是指错位波面是由波面沿原始波面向某一方向(称错位方向)滑移而得到的错位方法。例如:原始波面接近平面,则使波面在与其平行的某一平面(称参考平面)内滑移,就得到错位波面;如果原始波面接近球面,则使波面绕某一球面(称参考球面)的曲率中心转动(即波面沿原始波面滑动)而得到错位波面,如图 2.37 所示。

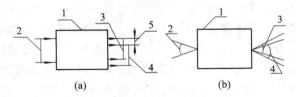

1—横向错位干涉仪;2—被测波面;3—原始波面;4—错位波面;5—错位量

图 2.37　横向剪切干涉仪原理示意图

(a) 平行光;(b) 会聚光

设原始波面 3 在给定坐标系中表示为 $\Sigma'(X, Y)$,而被测波面 2 表示为 $\Sigma(X, Y)$,错位波面 4 表示为 $\Sigma''(X, Y)$,那么,沿 X 方向错位为 S,沿 Y 方向错位为 T 时,错位波面可表示为

$$\Sigma''(X, Y) = \Sigma'(X - S, Y - T) \tag{2-16}$$

如果原始波面对某一参考面(平面或球面)$\Sigma_0(X, Y)$ 的波差表示为

$$W' = \Sigma'(X, Y) - \Sigma_0(X, Y) \tag{2-17}$$

那么,错位波面对参考面的波差表示为

$$W'' = \Sigma''(X, Y) - \Sigma_0(X, Y) = \Sigma'(X - S, Y - T) - \Sigma_0(X, Y) \qquad (2-18)$$

于是，由于错位引起的波差改变量为

$$\Delta W(X, Y) = W''(X, Y) - W'(X, Y) = \Sigma'(X - S, Y - T) - \Sigma'(X, Y) \qquad (2-19)$$

因此，干涉图对应着由于错位引起的错位波面对原始波面的波像差改变量。

根据干涉理论，显然有

$$\Delta W(X, Y) = N\lambda \qquad (2-20)$$

式中：λ 为工作波长；N 为条纹干涉级次。

如果只有 X 方向错位，则 $S \neq 0$，$T = 0$，由式(2-19)有

$$\Delta W(X, Y)_x = \Sigma'(X - S, Y - T) - \Sigma'(X, Y) \qquad (2-21)$$

由式(2-20)又有

$$\Delta W(X, Y)_x = N_x\lambda \qquad (2-22)$$

若错位量 S 较小，则下面的近似式成立：

$$\Delta W(X, Y)_x \approx \frac{\partial \Sigma'(X, Y)}{\partial X} S = N_{xs}\lambda \qquad (2-23)$$

其中：N_x 表示在 X 方向错位时引起的干涉级；N_{xs} 表示错位量为 S 时引起的干涉级。

式(2-20)和式(2-23)是横向剪切干涉的基本方程式。式(2-23)只有当 $S \to 0$ 时才是准确的表达式。减小错位量 S 可以提高精度；但 S 过小，灵敏度将严重下降。因此，测量时要适当选择错位量的值。

2. 横向剪切干涉仪中对相干性的要求

横向剪切干涉是错位波面和原始波面重叠部分的干涉。重叠部分的每一点上相交的两光线，分别属于原始波面上不同点（例如 $\Sigma_0(X_0, Y_0)$ 和 $\Sigma_0'(X_0 - S, Y_0)$ 所对应的光线，为了使它们相干，应满足一定的空间相干性，这要求在原始波面 X 方向上相距为 S（剪切量）的两点对应的光线能够相干。

如果原始波面是由光源通过物镜准直得到的（如横向剪切干涉仪用于平行光路中时），并且错位干涉仪的横向放大率等于 1，则错位量 S 在光源一方对应的角度为

$$\alpha = \frac{S}{f'}$$

其中，f' 为产生原始波面的物镜（通常就是待检物镜）的焦距。经过计算得到狭缝光源沿 X 方向的尺寸为

$$b = \frac{\lambda}{S} f'$$

其中：b 为在错位方向上光源的临界尺寸；S 为在错位方向的错位量；λ 为相干光的波长。如果光源为圆孔，则临界直径为

$$d = \frac{1.22\lambda}{S} f'$$

在其它情况下（如横向剪切干涉仪应用在会聚光路中时），只需把错位量 S 折算到光源一方，并求得其对应的 α，即可求得临界宽度和临界直径。

对于时间相干性，则视仪器的等光程性而定。如果仪器属于等光程型，那么可以不考虑时间相干性，但用白光作光源时，条纹带色，只有零级条纹消色；如果仪器属于不等光程型，就应满足时间相干性要求。

3. 两种典型的横向剪切干涉仪

1) 平行光横向剪切干涉仪

用在平行光路中的横向剪切干涉仪有多种形式，这里介绍最简单的一种平板式横向剪切干涉仪，原理图如图2.38所示，激光器发出的激光束经扩束镜1会聚在待测物镜3的焦平面处。光线通过待测物镜3后，给出近似于平面的波面Σ。Σ经剪切玻璃平板4分割成两个波面，其中一个波面就是原始波面Σ′，当剪切玻璃平板的下表面为理想平面时，它就代表了Σ，特别是当剪切玻璃平板与光轴成45°时，Σ′和Σ就完全相同；另一波面就是错位波面Σ″，错位量可表示为

$$S = t \sin 2I (n^2 - \sin^2 I)^{-\frac{1}{2}} \qquad (2-24)$$

其中：t为剪切玻璃平板的厚度；n为玻璃平板折射率；I为入射光线的入射角。

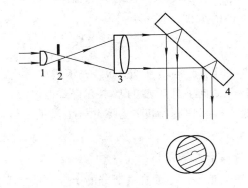

1—扩束镜；2—小孔光阑；3—待测物镜；4—剪切玻璃平板

图2.38　平板式横向剪切干涉仪原理图

因此，一块玻璃平板就可以构成一个最简单的横向剪切错位干涉仪。

扩束镜1应保证光束充满待测物镜的全孔径。小孔光阑2可以理解为干涉仪的入瞳或空间滤波器。

由式(2-24)可知，改变玻璃平板与光轴的夹角，就可以改变错位量。而当入射角$I \neq 45°$时，玻璃平板的横向放大率不等于1。

当剪切玻璃平板有一定楔角时，在产生横向错位的同时，错位波面对原始波面还将产生一定的倾斜，倾斜方向由楔角的方向所决定。

2) 会聚光横向剪切干涉仪

用在会聚光路中的横向剪切干涉仪也有多种形式，这里我们只介绍一种棱镜式横向剪切干涉仪，其原理如图2.39所示。

如图所示，图中的棱镜为这种干涉仪的主要元件，通常称它为剪切棱镜，它由两个平凸透镜胶合而成，在胶合面上镀析光膜。两球面部分磨制两平行平面，与胶合面夹角为θ，并在其上镀反射膜。会聚球面波（被检球面波）经一平凸透镜的球面入射到棱镜，分别经反射膜反射、析光膜反射和透射后从另一块平凸透镜的球面部分出射，形成原始波面和错位波面。错位角$\alpha = 4\theta$。这种干涉仪满足等光程要求，所以可在白光光源下工作。

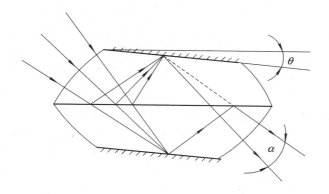

图 2.39　棱镜式横向剪切干涉仪原理示意图

2.8.3　干涉图的分析

不管用哪一种干涉仪,最后获得的信息都是干涉图,它反映了两相干光束或波面间的光程差。那么,对于干涉图的分析,实际就是通过干涉图求得两相干波面间对应点光程差的过程。当两相干波面中一个为比较标准时,通过求得的光程差就可以评价或鉴定光学系统的质量。如果两相干波面都不是标准波面(如剪切干涉的情况),那么,为了与波面的理想形状比较,在求得两相干波面间的光程差后,还需求出相干波面或被测波面(如在错位干涉情况下的原始波面,在不考虑干涉仪的像差时,它就是被测波面),然后将其与波面的理想形状相比较才能评价光学系统的质量。

如上所述,不管是何种干涉图,求两相干波面间的光程差是基本的分析过程,下面我们做简单的讨论。

干涉条纹的级次表示了两相干波面间光程差的改变情况(变小或变大),而干涉条纹的间距表明沿测试方向光程差改变的数量关系,一个条纹间距表明两相干波面的光程差改变一个波长,因此,很容易由干涉图求得两相干波面的光程差。在干涉条纹较为简单的情况下,可以根据光圈的识别方法,用目视法确定其光程差。

如果干涉条纹较为复杂,就需要先记录下干涉图进行处理,记录可以用拍照的方法,也可以用光电变换法通过数字或曲线来记录。

干涉图的分析方法是多种多样的,选取哪种方法取决于测量的精度要求。

2.9　波面相位光电检测技术

如前所述,传统的干涉检测方法,通常是记录干涉条纹,然后通过对干涉条纹的分析和判读,获得波面变形的信息。这些方法仍然处于静态测量的范畴,精度低,周期长,并且只能获得波面部分区域的信息,因此有很大的局限性。

随着光电技术、激光技术和计算机技术的发展,对波面进行实时的动态测量成为可能。波面相位光电检测技术迅速发展,已达到了实用的程度。以美国 Tropel 公司、Zygo 公司为代表的产品已投入市场,测量波面变形的精度可达到 $\lambda/70 \sim \lambda/100$。我国对此类仪器的研究也有了显著的进展,并开始小批量生产。波面相位光电检测技术以其高精度、高分辨率以及自动、实时、数字化等特点代表了光学检测技术的新水平。

波面相位光电检测技术，是使干涉场上任一点对应的两相干波面的相位差由静态变为动态，即使相位差发生变化。用高分辨率的 CCD 器件接收干涉场光强的变化，通过计算机处理，分析不同点光强变化的相位差，从而可以确定波面上不同点的相对变形量，进而可以自动、实时显示被测波面的变形情况。

由于干涉场上各点光强发生变化，在干涉场上的宏观表现是干涉条纹移动，因此，波面相位光电检测技术也称为条纹扫描干涉。根据实现条纹扫描方法的不同，波面相位光电检测技术可分为移相干涉术、锁相干涉术和外差干涉术。下面分别简要介绍其工作原理。

2.9.1 移相干涉术

图 2.40 是移相干涉动态测量的基本结构示意图。图中 He－Ne 激光器 1 输出的激光经扩束准直镜 2 后，成为具有一定口径的平行光束，该光束经析光棱镜 I 后分成两路光波，一路光波透射至待测镜 9 表面后反射回析光棱镜 I，承载着待测镜 9 的波面信息成为测试光波；另一路光波则反射至标准镜 7 表面，然后反射回析光棱镜 I，承载着标准镜 7 的波面信息成为参考光波。测试光波和参考光波在析光棱镜 I 处相遇而产生干涉，形成光强随时间和空间变化的干涉场。干涉场经析光棱镜 II 和成像光学系统 5 后，干涉图像被高分辨力 CCD 器件 6 接收，CCD 输出视频信号通过采样－保持和 A/D 转换，将模拟信号变成数字信号后送入计算机处理系统 11 进行分析处理。计算机输出的相位移动指令反馈给相位调制装置驱动电源 10，控制调制装置 8 推动标准镜 7 对参考波前进行相位调制（扫描）。在相位调制的同时，CCD 器件 6 又继续对干涉场进行信号采集，计算机系统根据送入的数字化相位调制干涉图与待测波面进行比较、分析。

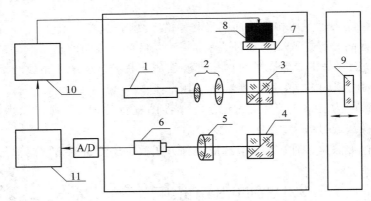

1—He－Ne激光器；2—扩束准直镜；3—析光棱镜 I；4—析光棱镜 II；5—成像光学系统；
6—CCD器件；7—标准镜；8—调制装置；9—待测镜；10—驱动电源；11—计算机处理系统

图 2.40　移相干涉动态测量的基本结构示意图

波面干涉动态测量法最终的目的是要得到待测波面全范围的、实时的相位分布情况。如图 2.40 所示，参考光波和测试光波干涉的光强为

$$I_G = I_C + I_B + 2\sqrt{I_C I_B}\cos\alpha \qquad (2-25)$$

式中：I_C、I_B 分别为测试光波和标准光波的光强度；α 为测试光波和标准光波的相位差。

在图 2.40 的测试结构中，干涉场上任意一点光强分布是场点位置 x 的函数，可用下式表示为

$$I(x, \alpha) = I_z(x) + I_j(x) \cos[\tilde{\omega}(x) + \alpha] \qquad (2-26)$$

式中：$I_z(x)$ 表示光强的直流成分；$I_j(x)$ 表示光强的交流成分的振幅值；$\tilde{\omega}(x)$ 表示待测波面的相位；$\tilde{\omega}(x) + \alpha$ 表示测试光波和参考光波间的相位差。

假设标准镜 7 由调制机构 8 带动沿光轴做匀速的平行移动，平行移动标准镜所引起的参考光波的位相改变量为 $d\alpha = \beta$，那么 CCD 器件 6 所接收的光强信号应该是一个积分平均值，即为

$$\bar{I}(x, \alpha) = \frac{1}{\beta} \int_{\alpha - \frac{\beta}{2}}^{\alpha + \frac{\beta}{2}} I(x, \alpha) \, d\alpha \qquad (2-27)$$

将式(2-26)代入式(2-27)，积分后得到

$$\bar{I}(x, \alpha) = I_z(x) - \frac{1}{\beta} I_j(x) \left\{ \sin\left[\tilde{\omega}(x) + \alpha + \frac{\beta}{2}\right] - \sin\left[\tilde{\omega}(x) + \alpha - \frac{\beta}{2}\right] \right\}$$

$$= I_z(x) + I_j(x) \sin\left(\frac{\beta}{2}\right) \cos[\tilde{\omega}(x) + \alpha] \qquad (2-28)$$

式中，

$$\sin\left(\frac{\beta}{2}\right) = \frac{\sin\left(\frac{\beta}{2}\right)}{\frac{\beta}{2}} \qquad (2-29)$$

然后将式(2-26)与式(2-28)进行比较，可知 CCD 器件 6 所接收的光强信号 $\bar{I}(x, \alpha)$ 与某一时点的瞬时光强 $I(x, \alpha)$ 区别是：只是其信号交流成分的振幅值 $I_j(x)$ 要乘上一个因子 $\sin\left(\frac{\beta}{2}\right)$，其它都没有改变。那就说明 CCD 器件 6 所接收的光强信号与瞬时光强信号 $I(x, \alpha)$ 相比，干涉场光强度的变化规律保持不变，只是干涉条纹的对比度有所下降。

对于一个给定的场点 x，光强信号 $\bar{I}(x, \alpha)$ 只是 α 的正弦函数，因此，只要给出若干不同的 α 值，就可求得很多的 $\bar{I}(x, \alpha)$ 值，再根据不同的 $\bar{I}(x, \alpha)$ 值拟合出 $\bar{I}(x, \alpha)$ 的曲线，取的 α 值越多，拟合的曲线越能表现出待测波面的真实面形，然后通过拟合曲线比较干涉场中不同点的位相情况，就可求得整个待检波面的相位分布函数 $\tilde{\omega}(x)$。

但是，在一般情况下 α 是不容易确定的，只有从另外的途径来想办法。现假设 $\alpha = 2k\pi + \alpha'$，其中 k 为整数。在式(2-28)中，如果用 α' 来替代 α，根据余弦函数的周期性，这种替代是不会影响光强信号函数 $\bar{I}(x, \alpha)$ 的。或者说，$\bar{I}(x, \alpha') = \bar{I}(x, \alpha)$。这时的 α' 可以理解成是标准波面的相位移动部分，它可以通过调制装置 8 中的压电陶瓷器件的压电效应原理来给出，所以，可以用给定的 α' 值来代替 α 值。

接下来具体分析由测得的 $\bar{I}(x, \alpha_i')$ 值，如何求出待检波面的相位分布函数 $\tilde{\omega}(x)$。

假设在干涉场上的某一点 x 处共测量了 Y 个光强值，而且在每次测量过程中，都取相同的积分区间 β 值，所以，每次的测量值可以表示为

$$\bar{I}(x, \alpha_i') = I_z(x) + I_j(x) \sin\left(\frac{\beta}{2}\right) \cos[\omega(x) + \alpha_i'] \qquad (2-30)$$

式中：$i = 1 - Y$；α_i' 表示标准波面的相位移动量大小。

将式(2-30)的余弦项展开后得到

$$\bar{I}(x, \alpha_i') = I_z(x) + I_j(x) \sin\left(\frac{\beta}{2}\right) \cos[\tilde{\omega}(x)] \cos\alpha_i' + I_j(x) \sin\left(\frac{\beta}{2}\right) \sin[\tilde{\omega}(x)] \sin\alpha_i'$$

$$(2-31)$$

现假设，

$$\begin{cases} b_0(x) = I_z(x) \\ b_1(x) = I_j(x) \sin\left(\frac{\beta}{2}\right) \cos[\tilde{\omega}(x)] \\ b_2(x) = I_j(x) \sin\left(\frac{\beta}{2}\right) \sin[\tilde{\omega}(x)] \\ c_i = \cos\alpha_i' \\ d_i = \sin\alpha_i' \end{cases} \quad (2-32)$$

所以，经过 Y 次测量后得到的 Y 个方程，根据最小二乘法原理，有

$$\begin{vmatrix} Y & \sum c_i & \sum d_i \\ c_i & \sum c_i^2 & \sum c_i d_i \\ \sum d_i & \sum c_i d_i & \sum d_i^2 \end{vmatrix} \begin{vmatrix} b_0(x) \\ b_1(x) \\ b_2(x) \end{vmatrix} = \begin{vmatrix} \sum \bar{I}(x, \alpha_i') \\ \sum \bar{I}(x, \alpha_i') c_i \\ \sum \bar{I}(x, \alpha_i') d_i \end{vmatrix} \quad (2-33)$$

如果用 M_i 表示式(2-33)中等号右边的矩阵，用 N_i 表示等号左边的第一个矩阵，那么上式将变为

$$N_i \begin{vmatrix} b_0(x) \\ b_1(x) \\ b_2(x) \end{vmatrix} = M_i \quad (2-34)$$

由式(2-32)可求出干涉场上任意一点的对比度 $\kappa(x)$

$$\kappa(x) = \frac{I_j(x)}{I_z(x)} = \frac{[b_1(x)^2 + b_2(x)^2]^{\frac{1}{2}}}{b_0(x) \sin\left(\frac{\beta}{2}\right)} \quad (2-35)$$

而且还能求出待检波面各点的相位 $\tilde{\omega}(x)$，并且有

$$\mathrm{tg}[\tilde{\omega}(x)] = \frac{b_2(x)}{b_1(x)} \quad (2-36)$$

最后，由测得的干涉场上各点的相应数值，按照式(2-35)和式(2-36)计算出相应的 $\tilde{\omega}(x)$ 和 $\kappa(x)$ 值后，通过比较各点的 $\tilde{\omega}(x)$，就可完全求出整个待测波面的相位分布情况，也就能够对待测零件的工作面面形做出全面的判别。

2.9.2 锁相干涉术

如果通过参考反射镜(或参考波面)高频振动实现条纹扫描，则称为锁相干涉术。参考反射镜的振动，同样可用压电效应原理实现。设参考波面相位振动方程为 $\delta(t) = A \sin\omega t$，则干涉场的光强分布可表示为

$$\begin{aligned} I(p, t) &= I_0(p) + I_M(p) \cos[\Phi(p) + \delta(t)] \\ &= I_0(p) + I_M(p) \cos[\Phi(p) + A \sin\omega t] \\ &= I_0(p) + I_M(p) \cos[\Phi(p)] \cos(A \sin\omega t) - I_M(p) \sin[\Phi(p)] \sin(A \sin\omega t) \end{aligned}$$

$$(2-37)$$

式中：$I_0(p) = I_1(p) + I_2(p)$；$I_M(p) = 2\sqrt{I_1(p)I_2(p)}$；$I_1(p)$、$I_2(p)$ 分别为两相干光的光强。

又

$$\left.\begin{aligned}
\sin(A\sin\omega t) &= 2J_1(A)\sin\omega t + 2J_3(A)\sin3\omega t + \cdots \\
\cos(A\sin\omega t) &= 2J_0(A) + 2J_2(A)\cos2\omega t + \cdots
\end{aligned}\right\} \quad (2-38)$$

式中，$J_n(A)$ 为 n 阶贝赛尔函数。

分析式(2-37)可以看出，只要在干涉条纹的极值位置（$\Phi(p) = n\pi$）接收光强信号，在式(2-37)中最后一项就为零，此时信号中包含有偶次谐波分量，而基频分量和奇次谐波分量为零；当 $\Phi(p) = \left(n + \dfrac{1}{2}\right)\pi$ 时，式(2-37)中第三项就为零，此时信号中只包含奇次谐波分量。但是，当接收器处在干涉条纹其他位置时，信号中既有偶次谐波分量，又有奇次谐波分量。

我们关心的是 $\Phi(p)$，由式(2-37)和式(2-38)知，它将调制谐波的幅值，如果通过滤波或选频放大，选出基频分量，它将存在于基频成分的幅值之中，基频幅值为

$$2I_M J_1(A)\sin[\Phi(p)] = 4\sqrt{I_1(p)I_2(p)}J_1(A)\sin[\Phi(p)]$$

对获得的基频信号进行分析，即可得到 $\Phi(p)$。通常的方法是利用接收器偏离干涉条纹极值位置时接收到的基频信号的幅值作为驱动信号，给出一个校正电压，驱动压电晶体，控制参考波面相移，使接收器锁定在条纹极值位置上，即使基频幅值恢复为零。此时锁相环路将给出与 $\Phi(p)$ 成正比的输出信号。

由此看来，在锁相干涉技术中，压电晶体除了需要带动参考反射镜做高频振动，以实现条纹扫描外，还需带动参考反射镜沿光轴直线位移，以保证接收器锁定在条纹的极值位置上。

2.9.3　外差干涉术

如果条纹扫描是通过使两相干光间产生一定频率差实现的，则称为外差干涉术。

设两束相干光的频率分布分别为 ω 及 $\omega + \Delta\omega$，那么干涉场的光强分布为

$$\begin{aligned}
I(p, t) = {} &\frac{1}{2}I_1\{1 + \cos2(\omega + \Delta\omega)t\} + \frac{1}{2}I_2\{1 + \cos2[\omega t + \Phi(p)]\} \\
&+ \sqrt{I_1 I_2}\cos[(2\omega + \Delta\omega)t + \Phi(p)] + \sqrt{I_1 I_2}\cos[\Delta\omega t - \Phi(p)]
\end{aligned}$$

$$(2-39)$$

式中，前三项中的余弦函数频率都近似为 2ω，即为两倍光频，而光电接收器的频率响应远低于光频 ω，因此它们实际上不能引起光电接收器的响应，于是光电接收器的响应只能是

$$I(p, t) = \frac{1}{2}I_1 + \frac{1}{2}I_2 + \sqrt{I_1 I_2}\cos[\Delta\omega t - \Phi(p)] \quad (2-40)$$

由此式可见，由于在两束相干光中引入了频差 $\Delta\omega$，干涉场上任一点的光强在按正弦规律变化，这意味着干涉场条纹在扫描。

为了从式(2-40)中提取 $\Phi(p)$，可在干涉场中不同位置 p_0 和 p 各安置一个光电接收器，并分别称为基准接收器和扫描接收器，其输出光电流分别为

$$i_0(t) = k\sqrt{I_1 I_2}\cos[\Delta\omega t - \Phi(p_0)] \left.\right\}$$
$$i(t) = k\sqrt{I_1 I_2}\cos[\Delta\omega t - \Phi(p)] \left.\right\} \qquad (2-41)$$

式中，k 为接收器光电转换系数。

若两信号达到最大值的时间差为 $\Delta t < T$，又假定两接收器相距足够近，则由式（2-41）知

$$\Delta\omega t - \Phi(p_0) = \Delta\omega(t \pm \Delta t) - \Phi(p)$$

或
$$\Phi(p) - \Phi(p_0) = \pm\Delta\omega \cdot \Delta t = \pm\frac{2\pi}{T}\Delta t \qquad (2-42)$$

式中，T 为光电流交变的周期。

由此可知，只需测出两信号达到最大值的时间差 Δt，即可求得 p 点对基准点 p_0 的相位差，比较干涉场上各点对基准点 p_0 的相位差，便可推知整个被检波面的相位分布函数 $\Phi(p)$。

至于频差 $\Delta\omega$ 的产生方法，可有多种，例如，利用多普勒效应、半波片在圆偏振光中旋转、移动光栅以及利用声光调制器等。

本 章 小 结

1. 平行光管的作用是提供无限远的目标，其主要结构部件有照明器、分划板和物镜。调校方法有自准直法、五棱镜法等。

2. 自准直目镜常见的结构形式有高斯式、阿贝式和双分划板式。这些目镜通常与望远物镜、显微物镜构成自准直望远镜（前置镜）、自准直显微镜。

3. 测微目镜的细分原理：第一级细分是将标准量（标尺或度盘）的刻度间隔通过望远镜或显微镜的物镜成像在测微目镜的一个分划板（固定分划板）上，并用分划板上的标尺将该像进行细分；第二级细分量是通过不同的细分装置将一级细分的分划值（它对应固定分划板的刻度间隔）再进行细分。其常见结构有螺杆式和阿基米德螺旋线式。

4. 光学测量中常用的测角仪器有精密测角仪和经纬仪。精密测角仪主要由自准直前置镜、平行光管、工作台、读数系统和轴系组成；经纬仪主要由望远镜、两个度盘、读数系统、垂球或光学对中器、轴系、脚螺旋和三角架组成。

5. 积分球又称球光度计，是测量光源发出的总光通量的主要测试设备。球形平行光管主要用来测试系统的杂光系数，评价杂散光对系统成像质量的影响。

6. 刀口仪是利用阴影法检测光学零件的特性参数或光学系统像质的仪器。

7. 单色仪是一种分解白光，可以在一定范围内获得任一谱线单色光的仪器。其分光元件主要有分光棱镜和光栅。

8. 干涉法是光学测量中最重要、最常用的方法之一。常用的有标准镜干涉仪有平面干涉仪、泰曼干涉仪和球面干涉仪；无标准镜的干涉仪有点衍射干涉仪、散射板干涉仪和剪切干涉仪。

9. 波面相位光电检测技术是使干涉场上任一点对应的两相干波面的相位差由静态变为动态，即使相位差发生变化。用高分辨率的 CCD 器件接收干涉场光强的变化，通过计算机处理，分析不同点光强变化的相位差，从而可以确定波面上不同点的相对变形量，进而可以自动、实时显示被测波面的变形情况。常用的条纹扫描方法有移相、锁相和外差干涉术。

思考题与习题

1. 简述平行光管的用途、原理和调校方法。

2. 什么是自准直法？

3. 在五棱镜法调校平行光管的光路中，为获得最佳的调校精度，五棱镜、前置镜的参量应如何选择？（假设待调平行光管的焦距和口径均已知。）

4. 简述三种常见自准直目镜的基本结构和原理。

5. 简述螺杆式测微目镜的结构、细分原理和读数方法。

6. 简要说明精密测角仪和经纬仪在测角原理上的区别。

7. 简述光学经纬仪的基本结构。

8. 现对一平行光管用自准直法进行调焦，$f'_c = 550$ mm，$D/f'_c = 1/10$。若选高斯式自准直目镜，其焦距 $f'_e = 44$ mm，标准平面反射镜在 100 mm 口径内面形偏差为凸 0.5 道圈，求调校极限误差。（眼瞳直径 $D_e = 2$ mm）

9. 简述棱镜式单色仪的工作原理。

10. 简述泰曼干涉仪的用途及工作原理。

11. 用激光球面干涉仪测量球面曲率半径时，对曲率半径超过刻尺量程外的凸球面或凹球面，为什么仍可检测？检测应具备哪些条件？

第3章 光学玻璃的测量

在光电仪器中用到的光学材料包括光学玻璃、有机玻璃、各种晶体和光学塑料，但用得最多是光学玻璃。光学玻璃按下列各项指标进行分类和分级：折射率、色散系数对标准数值的允许差；同一类玻璃中，折射率及色散的一致性；光学均匀性；双折射；条纹度；气泡度；光吸收系数；耐辐射性能（N系列玻璃）。

本章将重点介绍除条纹度和气泡度以外的各项指标的检测方法，最后介绍有色光学玻璃光谱特性的测量。

教学目的

1. 掌握折射率和色散的概念与计算方法。
2. 掌握V棱镜法、全反射临界角法和最小偏向角法测量玻璃折射率的方法和步骤。
3. 掌握光学玻璃应力的危害及双折射的测量方法。
4. 掌握光学玻璃光学均匀性的检测方法。
5. 了解光学玻璃吸收系数的测量方法。
6. 掌握有色光学玻璃的光谱特性及用途。

技能要求

1. 能够利用V棱镜法、全反射临界角法和最小偏向角法测量玻璃折射率，并计算其色散值。
2. 掌握简式偏光仪法、全波片法及四分之一波片法测量应力双折射的方法，并根据测量值对光学玻璃进行分类。
3. 掌握星点和分辨率测量定法测量光学玻璃的均匀性的方法。
4. 掌握有色光学玻璃的光谱特性，能够在实际应用中合理使用有色光学玻璃。

3.1 光学玻璃折射率与色散的测量

3.1.1 折射率的概念及影响因素

一、折射率的概念

光在不同介质中传播时，具有不同的速度。在物理学中，折射率的定义为

$$n_{1,2} = \frac{v_1}{v_2} \tag{3-1}$$

称为第二种介质对第一种介质的相对折射率。其中，v_1为光在第一种介质的传播速度，v_2为光在第二种介质中的速度。

在特殊情况下，当$v_1 = c$时（c为光在真空中的速度），即光从真空入射介质时，有

$$n = \frac{c}{v} \tag{3-2}$$

称为介质对真空的折射率或绝对折射率，简称折射率。

通常所遇到的情况是光从空气介质射向另一介质，或者再从这一介质射向空气，而很少遇到从真空射向某介质的情况，所以一般情况下，我们所关心的相对折射率都是介质对空气的折射率。在本书中，用 $\bar{n}$ 表示相对空气的折射率，并且

$$\bar{n} = \frac{n}{n_k} \tag{3-3}$$

其中，n 为介质的折射率，n_k 为介质周围空气的折射率。为简便计算，以后在不致混淆情况下，在称呼上不再区分相对折射率和绝对折射率，而统称折射率。

二、影响折射率的因素

对不同介质来说，不同波长的光线在其中的传播速度不同，因而同一介质对不同的波长有不同的折射率，这就是物质的色散性。

把某种介质对两种不同颜色的光线（用 λ_1 和 λ_2 表示）的折射率之差 $n_{\lambda_1} - n_{\lambda_2}$ 称为该介质对两波长的色散。

中部色散：C 光和 F 光的折射率之差，即 $n_F - n_C$。其值越大，表明介质的色散作用越强。

色散系数：也称阿贝数，其计算公式为

$$v_D = \frac{n_D - 1}{n_F - n_C} \tag{3-4}$$

其中，n_C、n_D、n_F 分别为 C 光、D 光、F 光对某一介质的折射率；$\lambda_C = 656.28$ nm、$\lambda_D = 589.13$ nm、$\lambda_F = 656.28$ nm；n_D 和 v_D 是光学玻璃的光学常数。

实践表明，光学玻璃的折射率除了与波长有关之外，还与介质所处的环境有关，例如温度、压力、湿度等，因此，为了使给出的折射率有确定的意义，必须指明是在什么情况下给定的。

三、光学玻璃的分类和分级

根据光学玻璃折射率及色散系数对标准数值的允许值，光学玻璃分 6 类（见表 3-1，3-2）。

由同一批玻璃，按折射率及色散系数的最大差值，可分为 4 级（见表 3-3）。

表 3-1　光学玻璃按折射率允许差值的分类

类别	折射率 n_D 的允许差值	类别	折射率 n_D 的允许差值
00	$\pm 2 \times 10^{-4}$	2	$\pm 7 \times 10^{-4}$
0	$\pm 3 \times 10^{-4}$	3	$\pm 10 \times 10^{-4}$
1	$\pm 5 \times 10^{-4}$	4	$\pm 20 \times 10^{-4}$

表 3-2　光学玻璃按色散系数允许差值的分类

类别	色散系数 v_D 的允许差值	类别	色散系数 v_D 的允许差值
00	±0.2%	2	±0.7%
0	±0.3%	3	±0.9%
1	±0.5%	4	±1.5%

表 3-3　同一批玻璃按折射率和色散系数最大差值的分类

级别	同一批玻璃中的最大差值	
	折射率	色散系数
A	$0.5×10^{-4}$	0.15%
B	$1×10^{-4}$	0.15%
C	$2×10^{-4}$	0.15%
D	在所定类别允许值范围内	在所定类别允许值范围内

3.1.2　折射率和色散的测量

测量光学玻璃折射率和色散的常用方法,都是折射定律、反射定律在特定条件下的应用,例如:给被测棱镜以特殊形状,并确定测量时光线折射位置得到 V 棱镜法;利用光在棱镜最小偏向角位置的折射,得到最小偏向角法或自准直法;利用光在界面全反射,得到阿贝折光仪法(或称全反射临界角法)等。下面我们着重讨论这几种方法。

一、V 棱镜法

V 棱镜法因仪器的标准块是一个 V 型棱镜面得名。此法具备测量精度高、速度快、范围大、试样制备较容易、测试周期较短等优点,因此被广泛采用,特别是在光学玻璃厂中用此法对玻璃分类定级最为合适。当然,也可以用来测量液体物质的折射率。

1. 测量原理

V 棱镜法是通过测量光通过棱镜后的偏折角来求得折射率的,其检测原理如图 3.1所示。

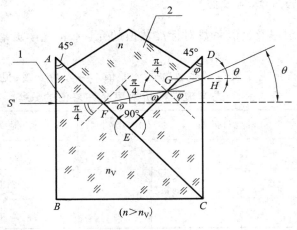

1—V棱镜;2—待测试样

图 3.1　V 棱镜检测原理图

单色平行光沿 S 的方向垂直入射在 V 棱镜的 AB 面上，然后通过 V 棱镜 1 和待测试样 2，如果试样的折射率 n 和已知的 V 棱镜折射率 n_V 完全相等，则整个 V 棱镜加上试样 2 就像一块平行平板玻璃一样，此时光线经过试样 2 和 V 形缺口相接触的两个面上不发生光线的偏折，最后出射光线也将不发生任何偏折。

如果试样的折射率 n 和 V 棱镜材料的折射率 n_V 不相同，则光线在两者相接触的面上发生折射，最后出射光线相对于入射光线要产生一个偏折角 θ。很明显，θ 角的大小与样品的折射率 n 和已知的 V 棱镜材料的折射率 n_V 有关。用 V 形棱镜法测量光学玻璃的折射率就是利用了这个关系，通过测量出偏折角 θ，然后根据一定的关系计算出试样的折射率 n。

下面利用图 3.1 来推导偏折角 θ 和试样折射率 n 之间的关系式，图 3.1 中是假定了试样折射率 n 大于 V 形棱镜材料的折射率 n_V，即 $n>n_V$，对三个折射面应用折射定律：

在 AE 面上：$n_V \sin \dfrac{\pi}{4} = n \sin \left(\dfrac{\pi}{4} - \omega \right)$

在 ED 面上：$n \sin \left(\dfrac{\pi}{4} + \omega \right) = n_V \sin \left(\dfrac{\pi}{4} + \varphi \right)$

在 DC 面上：$n_V \sin \varphi = \sin \theta$

其中：ω 是光线在 AE 界面上的折射方向和最初入射光线方向的夹角，φ 是光线 ED 界面上的折射方向和最初入射光线方向的夹角。

上述三个方程中，若 n_V 为已知，从方程中消去 ω 和 φ，就得到 n 和 θ 的关系式

$$n = \left(n_V^2 + \sin\theta \ \sqrt{n_V^2 - \sin^2\theta} \right)^{\frac{1}{2}} \tag{3-5}$$

同样，当 $n<n_V$ 时，因出射光线向下偏折，所以

$$n = \left(n_V^2 - \sin\theta \ \sqrt{n_V^2 - \sin^2\theta} \right)^{\frac{1}{2}} \tag{3-6}$$

用不同单色平行光，可测得不同波长的折射率，并由此求出色散，确定玻璃的种类和等级。

2. 测量仪器

V 棱镜法采用的仪器是 V 棱镜折射仪。由上述对测量原理的分析知，仪器照明光线应采用单色平行光，为此要用到平行光管。入射平行光束通过平面系统后仍为平行光束，因此应该用望远镜系统来观测。而为了测量角度 θ，又要求使用角度标准量。于是，V 棱镜折射仪由下述几个主要部分组成。

（1）平行光管：其作用是提供单色平行光。为了能提供不同波长的平行光束，仪器的平行光管带有滤光片和光谱灯（钠光灯和氢灯），为了在整个可见光范围内工作，且不致产生过大的视差，应采用复消色差物镜。

（2）V 棱镜：其作用是实现如式（3-5）或（3-6）那样的较为简单的测量方程式，同时起着试样的定位作用。在角度 θ 的测量范围一定的情况下，通过改变 n_V 值可以扩大折射率的测量范围，因而，每台仪器一般都备有三块不同折射率的 V 棱镜，供测量选用。

（3）望远镜：望远镜是本仪器的瞄准系统。用望远镜先后两次分别对入射 V 棱镜的光线方向和出射 V 棱镜的光线方向瞄准，望远镜转过的角度就是 θ。为了提高精度，采用"两线夹一线"的对准方式，望远镜的分划板图案采用双平行线形式，还要平行于 V 棱镜的棱边。

（4）示值和读数机构：为了测量 θ 角，选用度盘作为标准量，并且通过显微镜进行读数，采用"阿基米德螺旋线式"测微目镜细分读数。仪器度盘的转轴平行于 V 棱镜的棱边，望远镜和度盘一起绕轴转动时，光轴始终处于与度盘刻度平面平行的平面内，以便测量在垂直于棱边的平面内光线的偏角。度盘刻度面处于竖直方向，往上标出 $0°\sim30°$，往下标出 $0°(360°)\sim330°$。

3. 折射液

制作出的试样不可能与 V 形槽完全吻合，中间一般必然有空气隙，这与我们推导式（3-5）或（3-6）的前提不符，必然带来误差。当试样表面不抛光时，由于试样表面（细磨）对光的漫射作用，不能进行测量。为了解决上述问题，可在空气隙中充以适当折射液，使折射液的折射率等于试样的折射率。

为了得到 $n_z=n$ 的折射液，可用已知折射率的液体配制，采用体积比例法，分别取折射率 n_1、n_2，体积为 V_1、V_2，并且 $n_2>n>n_1$ 的两种液体，混合后按下述关系求出 n_z，即

$$n_z V_z = n_1 V_1 + n_2 V_2 \tag{3-7}$$

其中，$V_z=V_1+V_2$ 为混合后折射液的体积。

4. 对试样的要求

在满足一定精度要求的情况下，为了便于加工，应尽可能放松对试样的尺寸或形状的精度要求，以保证经济性。

（1）试样应有一个角为 $90°$，以便与 V 棱镜相吻合。在折射液的折射率与试样的折射率之差不大于 0.015 的条件下，试样的直角误差以不超过 $1'$ 为宜。这样的精度也是不难实现的。

（2）两直角面（工作面）只需细磨。

5. 测量步骤

（1）调零：确定入射 V 棱镜的光的方向，从度盘上读取对应读数 θ_1。

（2）加入试样，并确定加入试样后出射 V 棱镜的光的方向，从度盘上读取对应读数 θ_2，那么两次读数之差就是 θ 角。

（3）代入公式计算 n 值。如测其它谱线的折射率，只需更换单色光源，重复上述步骤。

6. 测量误差

折射率测量的标准偏差为

$$\sigma_n = \left[\left(\frac{\partial n}{\partial n_V}\right)^2 \sigma_{n_V}^2 + \left(\frac{\partial n}{\partial \theta}\right)^2 \sigma_\theta^2 \right]^{\frac{1}{2}} \tag{3-8}$$

式中：σ_{n_V} 为 n_V 的测量标准偏差；σ_θ 为偏折角 θ 的标准偏差。

由式（3-5）和式（3-6）可得

$$\frac{\partial n}{\partial n_V} = \frac{n_V}{n} \left[1 \pm \frac{\sin^2\theta}{2(n^2-n_V^2)} \right] \tag{3-9}$$

$$\frac{\partial n}{\partial \theta} = \pm \frac{\sin 2\theta (n_V^2 - 2\sin^2\theta)}{4n(n^2 - n_V^2)} \tag{3-10}$$

其中，σ_{n_V} 用精密测角仪测定，其误差不超过 5×10^{-6}。偏折角 θ 的测量标准偏差为

$$\sigma_\theta = (2\sigma_1^2 + \sigma_2^2 + 2\sigma_3^2)^{\frac{1}{2}} \tag{3-11}$$

式中：σ_1 为望远镜的对准误差，约为 $\pm 1''$；σ_2 为度盘格值标准偏差，为 $\pm 3''$；σ_3 为读数显微镜的读数标准偏差，约为 $2''$。

二、最小偏向角法

最小偏向角法利用测出单色平行光经三棱镜折射后光线的最小偏向角来求棱镜材料的折射率。如果对偏向角的测量可以达到 $1''$ 的较高精度，折射率的测量精度可达 10^{-6} 数量级。

1. 测量原理

如图 3.2 所示，单色平行光沿 PM 射入棱镜后，将沿 $M'P'$ 方向射出。入射光与出射光的夹角 δ 为偏向角。当 $i_1 = i_2'$，$i_1' = i_2$ 时，偏向角 δ 最小，称为最小偏向角 δ_0。当棱镜处于最小偏向角位置时有

$$i_1 = \frac{\alpha + \delta_0}{2}, \qquad i_1' = \frac{\alpha}{2} \tag{3-12}$$

在 AB 分界面，由折射定律 $n_0 \sin i_1 = n \sin i_1'$，求得棱镜的折射率为

$$n = \frac{\sin \dfrac{\alpha + \delta_0}{2}}{\sin \dfrac{\alpha}{2}} \tag{3-13}$$

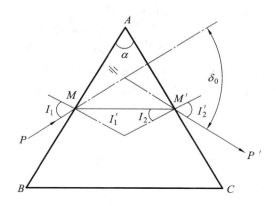

图 3.2　最小偏向角法测折射率原理图

2. 测量方法

由式（3-13）可知，利用最小偏向角法测量玻璃的折射率，归结为测量最小偏向角。因此，只要用测角仪器，而通常是用精密测角仪测出顶角 α 和最小偏向角 δ_0，就可计算出折射率。其测量步骤如下：

（1）对仪器进行工作前的调整。

（2）测出顶角 α 的大小。

（3）测量最小偏向角 δ_0，具体又分为以下两步：

① 确定由棱镜出射的光线对应的像的极限位置。

当射向棱镜的光方向一定时（平行光管固定），转动棱镜，出射光的方向就会发生变化。当光从垂直入射的情况逐渐向入射角增大方向变化时（使入射光向棱镜的折射角方向

投射），开始偏向角 δ 随之减小，出射光线将随入射角的增大而向着棱镜的顶端方向变化。当入射角进一步增加时，偏向角 δ 将达到极限值 δ_0（最小偏向角）。随后，入射角进一步增加时，偏向角将转而变大，出射光将向棱镜底边方向变化。根据出射光变化的特点，只要定出出射光线方向的转折点，它就对应着角度 δ_0 的一个边的方向，而另一个边的方向显然就是入射光的方向，于是 δ_0 的测量就可按如下方法进行了。

调整棱镜，使折射角的棱边（图 3.2 中 A 棱）平行于测角仪主轴。用单色光（与所要求的折射率对应的单色光）照明平行光管的分划板。转动载物台，使平行光管射出的单色平行光线垂直入射到棱镜上。然后转动望远镜，接收由棱镜出射的光线，并找到平行光管的分划像。慢慢转动载物台，使入射角增大，从望远镜中可看到分划像在向偏向角减小的方向（即向折射角 α 的方向）移动。当转过某一位置时，偏角又转而增大，即分划像转而向相反的方向（即向棱镜底边方向）移动。在分划像刚刚开始反向移动的极限位置，把载物台停下来，并用望远镜的分划中心瞄准这一位置时平行光管的分划像，此时望远镜的视轴方向就代表了出射光线的极限位置，也就是角 δ_0 的一个边的方向。从度盘上读取与这个方向对应的读数 θ_1。

② 确定入射光线的方向，即 δ_0 的另一个边的方向。

取下棱镜，用望远镜直接瞄准测角仪平行光管的分划像，并记取这时与入射光线方向对应的读数 θ_2。

（4）依次更换其它谱线的单色光，用相同的方法测得对应的最小偏向角，由式（3-13）可求得对应谱线在测量条件下的折射率，便可求得相应的色散值。

为了提高测量精度，可以直接测出两倍于最小偏向角的角值，这只需在保证入射光方向固定的情况下，使单色光从棱镜的 AB 面入射，并读取 θ_1 后，转动工作台，使入射光再从 AC 面入射，找到对应的像的转折点，并读取 θ_2，由两次读数之差可求得 $2\delta_0$。

3. 测量误差

折射率测量的标准偏差为

$$\sigma_n = \left[\left(\frac{\partial n}{\partial \delta_0} \right)^2 \sigma_{\delta_0}^2 + \left(\frac{\partial n}{\partial \alpha} \right)^2 \sigma_\alpha^2 \right]^{\frac{1}{2}} \tag{3-14}$$

其中，

$$\frac{\partial n}{\partial \delta_0} = \frac{\cos \frac{\alpha + \delta_0}{2}}{2 \sin \frac{\alpha}{2}}, \quad \frac{\partial n}{\partial \alpha} = \frac{\sin \frac{\delta_0}{2}}{2 \sin^2 \frac{\alpha}{2}}$$

当用精密测角仪测量时，最小偏向角的测量标准偏差为

$$\sigma_{\delta_0} = (2\sigma_1 + \sigma_2 + 2\sigma_3)^{\frac{1}{2}} \tag{3-15}$$

式中：σ_1 为望远镜的对准误差；σ_2 为度盘刻度标准偏差；σ_3 为读数显微镜的读数标准偏差。

顶角 α 测量标准偏差 σ_α 与 σ_{δ_0} 大致类同。

由分析可知，最小偏向角法测折射率的精度主要取决于测角仪的测角精度，若测角标准偏差不大于 $\pm 1''$，则折射率测量的标准偏差不大于 $\pm 5 \times 10^{-6}$。

为达到上述测试精度，要求待测件的材料均匀性好（一类），无条纹，无气泡，双折射不大于 $6~\mu m/cm$。棱镜最好做成等腰三角形，工作面的面形偏差小于 $1/4$ 光圈，棱镜两工

作面的边长不小于 25 mm。

3.2　光学玻璃的双折射测量

光学玻璃在熔炼后具有很大的内应力。如果应力较大，会在加工过程中，例如切割和研磨等光学加工过程中引起炸裂；即使应力不大，也会引起加工好的零件光学表面缓慢变形，从而影响到像质。应力的存在，还会引起双折射现象，给成像带来类似杂光的影响，严重时甚至可能产生双像。一块玻璃在较大的范围内应力分布不均，将带来折射率在玻璃的较大范围内不均匀，或者说使光学均匀性受到破坏，这将导致通过玻璃的波面变形。毫无疑问，内应力的存在会影响到光学零件的加工和零件的成像质量。因此，一般来说，光学玻璃在熔炼后是不能直接应用的，必须经过一个消除内应力的过程，这就是退火。

所谓退火，就是按一定的规程将熔炼好的玻璃放在专用的退火炉加温至 500～600℃，然后保持一段时间，再随炉缓慢冷却至室温。整个退火周期是很长的，少则一个星期，多则一个月甚至更长的时间才能完成。经过退火可以使玻璃内部组织均匀化，从而达到消除内应力的作用。然而由于在加温过程中，玻璃各处受热不均，因此想完全消除应力是不现实的。退火后玻璃还会保留一定程度的内应力，称为残余应力。所谓光学玻璃的应力就是指这种残余应力。

3.2.1　应力与双折射

玻璃的残余应力会引起双折射，对光学零件的加工和成像质量带来很大影响。当应力较大时，由于加工过程中玻璃受热、受压，会引起光学表面变形，甚至产生炸裂。此外，由于应力分布不均匀，将导致折射率分布不一致，使光波经过光学元件后发生波面变形，像质变坏。

光学玻璃的应力指标是以光通过 1 cm 厚的玻璃时，由 o 光和 e 光所产生的光程差表示的。若玻璃厚度为 d，通过该玻璃时，o 光和 e 光的光程差为 Δ，则双折射为

$$\delta_n = n_o - n_e = \frac{\Delta(\mathrm{nm})}{d(\mathrm{cm})} \tag{3-16}$$

式中，n_o、n_e 分别为 o 光和 e 光的折射率。

玻璃的双折射以垂直应力方向上单位厚度内 o 光和 e 光的光程差表示，按表 3-4 分为四类。

表 3-4　玻璃的双折射按照光程差的分类

类别	玻璃中部光程差 δ(nm/cm)
1	2
1a	4
2	6
3	10

光学玻璃双折射的测量实际上就是测量 o 光和 e 光的光程差。由于 o 光和 e 光都是线偏振光，故双折射测量都是用偏振干涉实现的。

3.2.2 双折射的测量方法

一、干涉色法

干涉色法利用线偏振光干涉，通过识别干涉色来确定光程差的大小。为此，自然光须经起偏器变成线偏振光入射。若玻璃不产生双折射，则仍以线偏振光射出，使检偏器的主方向与起偏器正交，则人眼看到的是暗视场；若玻璃具有双折射，则出射的 o 光和 e 光之间具有稳定光程差，通过检偏器将发生干涉。由干涉色可判定光程差，并确定双折射等级。在精度要求不高的情况下，根据此原理设计了简式偏光仪法和全波片法；在要求有较高精度的场合下，设计了 1/4 波片法。

1. 简式偏光仪法

如图 3.3 所示的检验装置称为简式偏光仪。图中，起偏器的主方向 P_1 和检偏器的主方向 P_2 互相垂直。这样设置的目的是，如果试样没有应力，通过起偏器并沿着 P_1 方向振动的线偏振光通过试样后将仍按 P_1 方向振动，它会被检偏器挡掉，因此在检偏器后观察时视场为暗视场。但这不是唯一的设置方式。例如还可以令 $P_1 /\!/ P_2$，这时当试样无应力时，将得到亮视场，视场的亮暗对于讨论的目的无关紧要。我们的讨论依然按第一种情况进行。

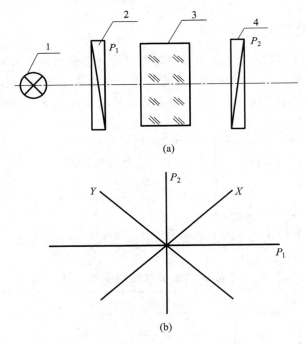

(a)

(b)

1—光源；2—起偏器；3—被测玻璃；4—检偏器

图 3.3　简式偏光仪光学原理示意图

当试样具有应力时，按 P_1 方向振动的入射光垂直并在试样的主截面内投向试样后，将产生双折射，并且出射试样的光将分成振动方向互相垂直的两束光，它们的振动方向分别沿试样的两主应力方向，如图 3.3(b)所示。设 P_1 与 X 的夹角为 α，那么沿 X 和 Y 方向的

两分振动不能通过 P_2，沿 P_2 方向的两分振动可通过 P_2 并进行干涉。当用白光照明时，在视场中可看到干涉色或彩色条纹；如果使用单色光照明，则可看到明暗条纹。当 $\alpha = 45°$ 时，干涉条纹的对比度最好。

通过干涉色判断双折射光程差 Δ，见表 3-5。最后求出双折射 δ_n，并确定出双折射类型。

表 3-5 光程差与干涉色对照表

光程差(nm)		干涉色	光程差(nm)		干涉色	光程差(nm)		干涉色	光程差(nm)		干涉色
	0	黑		281	麦黄		589	靛蓝	二级	998	亮橙黄
	40	金属灰		306	黄		664	天蓝		1101	暗紫红
一级	97	岩灰	一级	332	亮黄		728	淡青绿	三级	1151	靛蓝
	158	淡灰		430	褐黄		747	绿		1334	海蓝
	218	灰蓝		505	橙红	二级	826	亮绿			
	234	灰绿		536	火红		843	黄绿			
	259	灰		551	暗红		866	绿黄			
	267	黄灰		565	绛红		910	纯黄			
	275	浅麦黄		575	紫		948	橙黄			

2. 全波片法

当双折射光程差小于一定值时，采用简式偏光仪法，干涉色色序变化不明显，这使测量精度受到限制。为了克服这一缺点，可在简式偏光仪的基础上引入一个补偿波片，目的是使该补偿波片和试样组成的系统的双折射光程差(它等于补偿波片和试样双折射光程差的和)为一个适当的值，这个值可以保证干涉色色序变化最为明显，以便于观察和提高测量精度。由干涉色确定了双折射光程差后，剔除补偿波片的影响，便可得到试样的双折射。

通常，选取补偿波片的双折射光程差为 $\Delta = 565$ nm，并称为全波片。用带有这种全波片的简式偏光仪测量双折射称为全波片法。全波片可用云母或水晶片制成。简式偏光仪采用全波片后，检验装置如图 3.4 所示。当试样无应力时，双折射光程差完全由全波片引起，视场对应的干涉色为鲜明的紫红色。

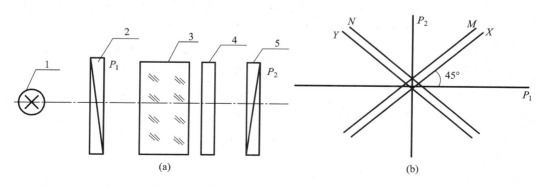

1—光源；2—起偏器；3—被检玻璃；4—全波片；5—检偏器

图 3.4 加有全波片的简式偏光仪

当试样有应力时，可以转动试样，使其两主方向 X、Y 与全波片的两主方向 N、M 相同，且与 P_1 成 $45°$ 角，这时视场将对应另一种干涉色 A（因试样的加入，使 Δ 发生了变化），见表 3-6。如果继续转动试样，使其主方向 X、Y 刚好互换，会得到另一种干涉色 B。这是因为 X、Y 的互换，就是快慢轴的互换。所谓快（慢）轴，是指由双折射产生的两线偏振光中，传播速度快（慢）的那束光的振动方向。假定颜色 A 对应试样与全波片快慢轴相同的情况下，试样与全波片的双折射光程差应相加，那么颜色 B 就对应快慢轴相反的情况，光程差应相减，于是有

$$\Delta_A = \Delta_s + \Delta_b \tag{3-17}$$
$$\Delta_B = \Delta_s - \Delta_b$$

其中：Δ_A、Δ_B 分别为颜色 A、B 对应的双折射光程差；Δ_s、Δ_b 分别为试样和全波片的双折射光程差。试样的光程差为

$$\Delta = \frac{\Delta_A + \Delta_B}{2} \tag{3-18}$$

最后求出双折射 δ_n，并确定出双折射类别。

表 3-6　转动试样后的干涉色

最低色序位置		最高色序位置	
干涉色	光程差（nm）	干涉色	光程差（nm）
紫红	0	紫红	0
暗红	14	紫	10
火红	29	靛兰	24
橙红	60	天兰	99
褐黄	135	淡青绿	163
亮黄	233	绿	182
黄	259	亮绿	261
麦黄	284	黄绿	278
黄灰	298	绿黄	301

例：某试样厚 5 cm，在最高色序位置呈靛兰色，试样转 $90°$ 后同一部位最低位置呈火红色，试判断该试样的双折射类型。

由表 3-6 查得：

最高：$\Delta A = 24$ nm，最低：$\Delta B = 29$ nm，取平均值：$\Delta = 26.5$ nm，

$$\delta = \frac{\Delta}{d} = \frac{26.5}{5} = 5.3 \text{ nm}$$

则此试样为二类双折射。

由于该法存在着对于干涉色判别的主观误差，灵敏度较低，因此只适用于测量精度要求不高的场合。

3. 1/4 波片法

1）测量原理

1/4 波片法是设法精确测出干涉级次及其小数部分后，计算被测样品双折射的测量方

法，其光路原理图如图 3.5 所示，它是在带有全波片的偏光仪基础上，在试样和检偏器之间加入一块 1/4 波片。

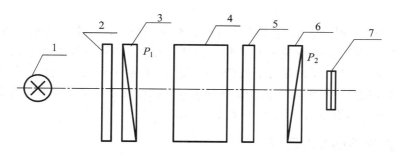

1—光源；2—毛玻璃；3—起偏器；4—试样；5—1/4 波片；6—检偏器；7—干涉滤光片

图 3.5　1/4 波片法光路原理图

白光经起偏器形成线偏振光，再通过具有双折射的试样后，形成椭圆偏振光。因沿椭圆长半轴和短半轴的分振动间的位相差为 $\pi/2$，而 1/4 波片的两个主方向的位相差也是 $\pi/2$，故只要使 1/4 波片的两个主方向分别与椭圆长短半轴重合，则椭圆偏振光通过 1/4 波片后，两分振动间的相位差将变为 π 或 0，即合成线偏振光。合成的线偏振光相对入射的线偏振光已偏转 θ 角。θ 仅取决于试样的 o 光和 e 光之间的相位差 ϕ。因此，只要找出角 θ 与位相差 ϕ 的关系，便可通过测量 θ 角求出位相差 ϕ，从而求出光程差，并确定双折射类别。

经过推导可得

$$\phi = 2k\pi + 2\theta \tag{3-19}$$

其中，$k = 0, \pm1, \pm2, \cdots$。

为测 θ，只需旋转检偏器，当 P_2 与线偏振光的振动方向垂直时，视场为暗。测出 P_2 的转角 θ 值，并以此确定 ϕ 值中小于 2π 的数值（干涉级次的小数部分值）。对 ϕ 值中 2π 的整数值，可由读取干涉级次求得。

当用白光照明时，视场中只有 $\phi = 0$ 处才出现黑条纹（零级条纹），其它级次条纹都是彩色条纹。试样中部测试点 K 的总光程差 Δ 应是 K 点处条纹与零级黑条纹间的光程差，它包括靠近 K 点干涉条纹到 K 点的光程差 $\Delta_1 = \theta\lambda/\pi$ 和靠近 K 点的干涉条纹（级次 N）到零级黑条纹的光程差 $\Delta_2 = N\lambda$，即

$$\Delta = N\lambda + \frac{\theta\lambda}{\pi} \tag{3-20}$$

2）检测方法

根据测量原理，先调仪器的起偏器，检偏器的主方向 P_1 和 P_2 互相垂直，此时视场最暗。放入 1/4 波片并绕光轴转动至视场又变为最暗，此时 1/4 波片的两主方向分别与 P_1 和 P_2 重合。

测量时，在起偏器和 1/4 波片间放试样，并绕光轴转动，当看到试样上被测点最暗时，继续将试样转 45°，此时试件的两个主方向与 P_1 和 P_2 各成 45°。用白光照明找到零级黑条纹位置；然后用钠光灯照明，读出零级黑条纹到靠近中部检测点条纹的级数 N，再转动检偏器，使靠近中部的条纹靠拢重合，读出检偏器转角 θ，由式（3-20）计算双折射值。

3.3　光学玻璃光学均匀性的测量

在光学设计时，一般总是假设玻璃材料的折射率是处处相同的，否则设计将无法进行。在制造仪器时，采用的光学玻璃必须满足设计条件，否则设计将失去意义，至少也会影响到系统的质量。实际上，总不可能找到（或制造出）折射率处处完全相同的玻璃，只能得到折射率大致相同并尽可能接近设计条件的玻璃，以保证设计的实用性。为此，必须检验同一块玻璃中各点折射率的一致性（即光学均匀性）。

3.3.1　产生光学不均匀的原因

产生光学不均匀的原因，主要有化学和物理的原因。

一、化学的原因

化学的原因是指同一块玻璃上各点由于化学成分的不一致而导致的折射率不同。在目前生产情况下，原料经过严格精选，熔炼时经过充分搅拌，因而就整体来说，化学成分的不均匀实际是不存在的，只有局部的如条纹、结石等化学不均匀性。由于这些局部不均匀范围很小，对整体的性能影响不大，因此不包括在光学均匀性的含义之内。

二、物理的原因

物理的原因又可分为内应力所引起的折射率的不均匀和物理结构不一致而导致的折射率的不均匀两大类。而物理结构不一致的影响，在经过精密退火的情况下，也可认为是不存在的。

由此可见，一般情况下，折射率的不均匀主要是内应力不均匀而引起的。内应力引起的折射率变化，在数量级上往往不大，但却发生在较大的范围，这将导致通过系统的整个波面发生变形，因而对系统的像质影响较重。而如条纹、结石等不均匀，在数量级上则可能很大，但范围很小，只导致波面的局部变形，对像质影响较小。

应力对折射率的影响基本满足线性关系。一般情况下，应力对重火石玻璃的影响较大，但对双折射影响较小；对普通冕牌玻璃的折射率影响较小，但对其双折射影响较大。

3.3.2　检查光学均匀性的方法

光学均匀性最直观的检查方法是从一块玻璃的不同部分取下小块试样，用干涉仪精确测定它们之间的折射率差值。这种方法由于需损坏玻璃，因此不适用于产品检验，只能用于光学均匀性和退火质量关系的研究上。

实用的检验方法，是基于不均匀性产生的原因以及不均匀性导致的各种光学现象来设计的。例如：

（1）根据光学不均匀性对成像质量的影响而制定的"星点和分辨率测定法"。由于这种方法直接与像质相联系，并且设备简单，操作方便，因而在现行生产中得到广泛应用。

（2）根据光学不均匀性引起的波面的变形而设计的"干涉法"。干涉法可以检查出折射率不均匀的部位，给出折射率变化的性质和数量，并且具有很高的精度。

（3）根据光学不均匀性而引起各部分透射光线方向的变化而设计的"阴影法"。它同样可以发现不均匀的部位和变化的性质，但不能定量。

（4）根据不均匀性是由内应力不均匀而引起的分析，设计了"边缘应力法"。这种方法不要求试样抛光，不需要大孔径设备，是检验大孔径毛坯光学均匀性较理想的方法。

下面分别讨论这些方法。

一、星点和分辨率测定法

1. 基本原理和检验装置

星点和分辨率测定法的检验装置如图 3.6 所示，图中 1～5 构成平行光管，而 1～3 构成平行光管的照明系统；8、9 构成观察用的望远镜，可以不用分划板；6 为光阑，以便照明光束适应孔径要求；4 为置于平行光管物镜焦平面上的分划板，通常选用星点或分辨率板。透过试样后星点或分辨率图案的像是通过望远镜来观察的。

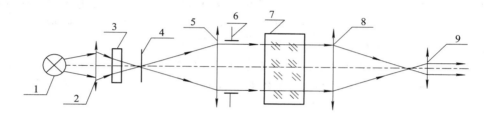

1—光源；2—聚光镜；3—滤光片；4—分辨率板；5—平行光管物镜；
6—光阑；7—试样；8—望远镜物镜；9—望远镜目镜

图 3.6　用星点和分辨率测定法检验光学均匀性

当使用星点板时，观测其像的变形有很高的灵敏度，但它不易给出一个定量的指标，一般只有对 1 类光学均匀性（光学均匀性分为四类）才做此项检验，或者用来区分 1、2 类均匀性。

采用分辨率板，可以给出定量的数量指标，但用这一指标来评价像质有一定的局限性，一般用于要求稍低的其他几类均匀性的检验。

用星点板检验时，对于 1 类均匀性的要求是星点图保持圆整，没有断裂、尾刺、畸角和扁圆等现象。采用分辨率板检验时，是按检验系统中不加试样时观察到的分辨 α_0 与系统中加入试样后的分辨率 α 的比值 α/α_0 来分类的。

划分均匀性类别的另一种方法是规定折射率的最大差值，其值为 $\Delta n_{max} = \pm 2 \times 10^{-4} \sim \pm 2 \times 10^{-5}$。在这种情况下，检验方法必须能给出折射率差值的具体数值。这时就要用干涉法，而星点分辨率法就不再合适。

2. 对测量装置的要求

（1）平行光管物镜和望远镜物镜应有优良的像质。其星点像圆整，焦前、焦后光束截面上衍射图形要接近对称，分辨率应十分接近理论值。

（2）望远镜的视放大率应该满足：在工作孔径内，被平行光管物镜所分辨的细节在望远镜的像方应能被肉眼分辨。

（3）星点孔直径的选择：为使星点像接近艾里斑，星点孔应足够小，并有良好的形状。

为了观察星点像的变化，星点像应具有良好的对比度，在单色光情况下，这要求出射平行光管的光在整个孔径范围内具有较好的相干性。星点孔的直径应该小于或等于式(3-21)所决定的数值。

$$d = \frac{1.22\lambda}{D} f_P \qquad (3-21)$$

式中：D 为平行光管物镜的孔径；f_P 为平行光管物镜的焦距。

3. 对试样的要求

试样做成平行平板，并且两工作面要抛光。为了排除表面加工缺陷对测量结果的影响，一般规定：表面光圈数不大于 3，局部误差不大于 0.3 道圈。对于平行度的要求是：采用白光照明时，应不大于 2′，目的是防止分辨率图案带色；用单色光照明时，可放宽到 1′。

为了提高生产率，可预先制备两块贴置板（又称玻璃夹板），用折射液贴置在试样的两工作面上进行测量。由于加了折射液，试样可以不必抛光，而只需精磨。贴置板应以光学均匀性好的玻璃制成，表面光圈应有较严格的要求，其要求大体上与上述对试样表面的要求相当，考虑到采用了折射液，要求还可适当放宽。折射液的折射率与试样折射率的差应不大于 2×10^{-3}，以保证良好的透光能力。

本方法设备简单，操作方便，但要求仪器有较高的像质，被测件孔径较大时，受到设备限制，测试就有困难。此外，本方法是用对成像质量的评价间接反映光学均匀性的，不能直接给出折射率不均匀的数值和分布情况。

二、干涉法

如果光学不均匀性是按折射率的最大差值分类的，那么星点和分辨率测定法就不合适了，此时可采用干涉法。

1. 泰曼干涉仪法

将试样制成平行平板，并且将通光面抛光，置于泰曼干涉仪的测试光路中，平面波两次透过试件，获得二次透射波面，显然它携带着光学均匀性的信息。假定可以忽略面形等其它因素的影响，那么，二次透射波相对平面波的变形量 $\Delta W''$ 与折射率的最大差值 Δn_{max} 显然满足

$$\Delta W'' = 2d\Delta n_{max} = \Delta N\lambda \qquad (3-22)$$

式中：ΔN 为由 Δn_{max} 引起的干涉级的变化；d 为试件的厚度。

在泰曼干涉仪上测量均匀性，可以确定不均匀的部位、折射率差值 Δn_{max} 的大小及折射率改变的方向（变大或变小），但对试件的制备要求极高，例如工作面抛光及面形偏差要小等。此外，由于 Δn_{max} 通常很小，因此在读取 ΔN 时，一般总是使二次透射波面与参考波面有一定倾斜，由干涉图中对直条纹的偏离读取 ΔN，这样由于测试反射镜作倾斜调整，就可能使试样在整个孔径内的折射率线性变化部分不能被发现。同时，由于干涉仪工作孔径限制，检验大孔径试件会有困难，为此，当然也可以使用其它形式的干涉仪。

2. 全息干涉法

在泰曼干涉仪上测量均匀性，要求试件的表面面形做得很好，以避免面形偏差对检验的影响，这必然使试件的制备困难化，为克服这一缺点，可采用下述的全息干涉法。

1）测量原理

泰曼干涉仪是让光束透过试件，使二次透射光波与参考光波进行干涉，这时产生的条纹可称为透射纹，它反映了试件上各点的光学厚度的信息，因此，任一点的干涉级必然是厚度和折射率的函数。这种情况下，通过干涉图分析折射率的变化，必须排除厚度变化的影响。如果能得到从试件两表面反射的光波，那么两波面对应点之间的光程差也反映了试样的光学厚度的信息。从试件两表面反射的光波相干时得到的条纹称为反射纹。同样，任一点的干涉级也是厚度和折射率的函数。

综合上述两种条纹，可以得到关于厚度和折射率的两个方程式，因此有可能求得试件上各点的厚度和折射率（假定折射率沿厚度方向不发生变化），从而可以避免厚度的变化对测量的影响，因而有很高的测量精度，这就是全息干涉的基本思想。

2）干涉装置

全息干涉装置有多种，图3.7所示是其中一种。其工作原理是不难理解的。由反射镜5反射的参考光和由反射镜6反射的经 8－10－9－7－3 而射向全息干板4的物光，在全息干板上干涉可以获得全息图。在全息图上记录反射纹、透射纹，然后通过再现并进行拍照，得到照片后再按前述原理处理。

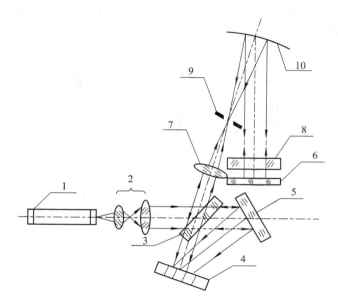

1—激光器；2—扩束镜；3—析光镜；4—全息干板；5—反射镜；
6—反射镜；7—物镜；8—试样；9—小孔光阑；10—离轴抛物面镜

图3.7　全息干涉装置

其实用泰曼干涉仪也可获得透射纹和反射纹，其办法如下：

（1）首先调节测试反射镜，使其与参考反射镜组成所谓的"虚平板"。此时干涉场上亮度均匀。

（2）放入试样，使其第一个面的反射像与平行光管焦平面的小孔本身重合，以满足光线垂直入射的要求。然后，挡掉两反射镜，让自试样两表面反射的光波相干，记录反射纹。

（3）引入测试反射镜及参考反射镜，此时，由试样两表面反射的光波及由参考反射镜和测试反射镜反射的光波将互相干涉。但表面反射的光波与反射镜反射的光波比较起来强度相差很大，因此，表面反射的光波与反射镜反射的光波相干的条纹对比度不会很好，干扰不会很大。两表面反射的光波之间的干涉条纹与原来记录的反射纹重合（记录介质不动），而透射纹便被记录了下来。这样在一张干板上便同时记录了反射纹和透射纹。只要两次曝光时控制好曝光时间，便可得到清晰的条纹。

三、阴影法

阴影法可以检验波面的变形情况，并且具有很高的灵敏度。为了检验材料的光学均匀性，可令一束光（它对应一定的波面、球面或平面）通过试样，如果波面不发生变形，说明材料是均匀的；否则，可以根据波面变形的情况来判断均匀性。

在使用阴影法时，为方便以及获得较高的灵敏度，常使用自准直光路，所以常用的形式有如下两种。

1）使用平面波通过试件

如图 3.8 所示，由星孔射出的光通过平行光管物镜 3 后成为平行光，它垂直射向试样 2，透过后在平面反射镜 1 上反射，再次透过试样 2、物镜 3，聚焦在物镜 3 的焦平面上。刀口切割像点，即可看到阴影图。如果试样不均匀，平面波两次透过后会发生变形，这种变形可由阴影法检验出来。

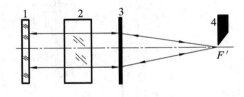

1—平面反射镜；2—试样；3—平行光管物镜；4—刀口仪

图 3.8　用阴影法在平行光路中检验材料的光学均匀性

使用阴影法，可以发现不均匀的部位、不均匀的程度及折射率的偏差性质，对应波面凸起的部位，折射率较周围低，对应波面凹下的部位，折射率较周围高。

上面的装置虽然操作、调整方便，但对平面镜的面形和平行光管物镜的质量要求较高，而当孔径较大时，其加工就很困难，所以一般用于小孔径的情况。

对于大孔径的情况，可采用下面的装置。

2）使用球面波通过试件

如图 3.9 所示，由星孔发出的球面波通过试样 2 后由凹球面反射镜 1 反射，再次通过试样 2，并会聚于刀口所在位置，形成自准直光路。刀口切割像点即可看到阴影图。

磨制质量相当好的大孔径凹球面反射镜并不太困难，且对其材料的要求可以只注意应力而不考虑均匀性，因此材料的选择也较容易，所以本方法可以检验较大的孔径，这是它的优点。但试样两

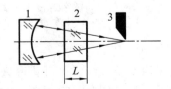

1—凹球面反射镜；2—试样；3—刀口仪

图 3.9　用阴影法在会聚光路中检验材料的光学均匀性

表面必须抛光，这对大孔径试样来说，不仅费时，成本也提高了。

四、边缘应力法

在本节开始时已经介绍过，由于在玻璃熔炼时的充分搅拌，以及对毛坯的精密退火，由化学成分及物理结构的不均匀而导致的折射率的不均匀实际上可认为不存在，因此实际折射率的不均匀是由应力的不均匀而引起的，于是可以用应力变化的大小来衡量折射率变化的情况，而应力与双折射又满足线性关系，由此得出结论，可用双折射光程差来衡量折射率的变化。

由于退火时沿试样厚度方向的温差所产生的应力，在精密退火的情况下，与沿试样表面方向温差而产生的应力比较可以忽略不计，所以实际上可以认为试件内的应力是由退火时沿试样表面方向的温差所引起的。而这种应力在试样边缘最大，于是可以通过测量边缘应力（实际是测边缘上的双折射光程差）来评价均匀性。

在国外，有些国家已制定了按边缘双折射光程差来给均匀性分类的标准。我国目前尚无这类标准。

这种方法由于测量双折射时试样不需抛光，而且只测边缘，不需要大孔径设备，因此是检验大孔径毛坯玻璃光学均匀性较理想的方法。

3.4 光学玻璃光吸收系数的检测

光通过玻璃时会引起能量损失，其损失的原因有反射、吸收和散射。这种能量损失，对光学仪器来说，会影响像面照度。而且对光纤，光在其中传播很长的距离，这种能量损失特别是吸收损失更值得注意。对一般玻璃，光吸收系数为 0.001，而对光纤则要求达到 $(2 \sim 5) \times 10^{-5}$。

无色光学玻璃按吸收系数分为 8 类，数值从 0.001 到 0.030。

3.4.1 无色光学玻璃光吸收系数的定义

在普通物理中已经讲过，单色光在均匀介质中通过厚度为 l 的一层介质后，光通量 F 减至 F'，则

$$F' = Fe^{-kl} \qquad\qquad (3-23)$$

式中，k 为介质对单色光的吸收系数。

由式（3-23）知，在该层中吸收和散射部分的光通量 F^* 可表示为

$$F^* = F - F' = F(1 - e^{-kl}) \qquad\qquad (3-24)$$

将 e^{-kl} 展开并取前两项有 $e^{-kl} \approx 1 - kl$，于是式（3-24）变为

$$F^* = Fkl \qquad\qquad (3-25)$$

由此可以看到，吸收系数 k 实际表示了单色光通过单位厚度的介质时对光的吸收程度（忽略散射影响）。对不同波长的单色光，k 不是同的。

多半是在白光下工作的无色光学玻璃的光吸收系数，按式（3-25）定义为：白光通过 1 cm 厚的无色光学玻璃时，玻璃吸收的光通量与入射的光通量之比。实际上，它是通过玻璃的各单色光吸收系数的一种平均值。

3.4.2 测量原理

为了测量吸收系数，必须使光通过玻璃，而光在玻璃表面总是有反射的。由物理光学可知，当光由空气中垂直射到玻璃上时，反射系数可表示为

$$\rho = \left(\frac{n-1}{n+1}\right)^2 \tag{3-26}$$

式中，n 为玻璃的折射率。

光在玻璃的出射面上反射，反射系数同样可以用上式表示。因此，设入射的光通量为 F_0，那么光在第一个表面的反射损失为 ρF_0，而透过第一个表面的光通量为 $F_0 - \rho F_0 = F_0(1-\rho)$。考虑到第一个表面的反射损失、内部的吸收(包括散射)损失和出射面的反射损失后，透过一个平行平板玻璃的光通量表示为

$$
\begin{aligned}
F_t &= F_0(1-\rho)(1-kl)(1-\rho) \\
&= (1-\rho)^2(1-kl)F_0
\end{aligned}
\tag{3-27}
$$

令 $t = \dfrac{F_t}{F_0}$，并称为透射比，于是

$$t = (1-\rho)^2(1-kl) \tag{3-28}$$

该式表明透射比 t、反射系数 ρ 和吸收系数 k 之间的关系。显然，更精确的透射比表示式为

$$t = (1-\rho)^2 e^{-kl} \tag{3-29}$$

由此可知，只需测出 t、l，计算出 ρ，便可求得 k。因此，关于玻璃的吸收系数的检测，实际上归结为玻璃的透射比 t 的测量。

对白光计算吸收系数时，取 $\rho = \rho_D = \left(\dfrac{n_d-1}{n_d+1}\right)^2$，即按 D 光计算，严格来说式中的 ρ 应为

$$\rho = \frac{\int \Phi_1 \rho(\lambda)\,d\lambda}{\int \Phi_1\,d\lambda} \tag{3-30}$$

即应对规定的光源求上述积分。其中：Φ_1 为光通量的光谱密度；$\rho(\lambda)$ 为光谱反射系数。

3.4.3 检测时需要考虑的几个问题

测量吸收系数时需要考虑以下几个问题：

(1) 在上述检测方法中，需要计算反射系数，但实际上，反射系数与试样的表面情况(如表面的氧化情况)有关，而 ρ 的计算值却不能反映这一点，这就可能带来误差，为此要设法避免表面状况的影响，提出测量所谓内透射率的办法。

内透射率的测量方法是将同牌号、同埚的被测玻璃同时制作两块试样，其厚度分别为 l_1 和 l_2，一般取 l_1 和 l_2 相差较大，我们可以写出

$$F_{t1} = F_0(1-\rho_1)^2 e^{-k_1 l_1}$$
$$F_{t2} = F_0(1-\rho_2)^2 e^{-k_2 l_2}$$

因为两块玻璃材料完全相同，表面状况也相同，所以有

$$\rho_1 = \rho_2,\quad k_1 = k_2,\quad \frac{F_{t2}}{F_{t1}} = e^{-k(l_2-l_1)} \tag{3-31}$$

可见，在上述情况下，求透过光通量的比值可以排除表面状况的影响，该比值是所谓

的内透射比，表示为

$$\tau = e^{-k(l_2 - l_1)} \tag{3-32}$$

对应地，$(1-\rho)$可认为是表面透射比。

（2）实际上，当光束入射到试样时，光将在试样两表面之间进行多次反射，因此透过试件的光除了一次透射光外，还有经第二表面反射后再由第一表面反射回来，然后透过第二表面的第二次透射光、第三次透射光等等。而透射光的最多数目取决于表面的反射系数和玻璃的吸收。前述测量原理忽略了多次透射光的影响，会给测量带来误差。

如果光线在玻璃内反射次数足够多，那么透射率的表达式为

$$F_t = F_0 (1-\rho)^2 \frac{\tau}{1-\rho^2 \tau^2} \tag{3-33}$$

于是透射比为

$$t = \frac{(1-\rho)^2 \tau}{1-\rho^2 \tau^2} \tag{3-34}$$

由此看来，在考虑到多次反射（透射）的影响后，试图用测两块试样的方法来消除表面反射的影响实际上也是不可能的，这又表明前述方法的近似性。

当测量精度要求较高时，必须考虑到多次反射的影响。

3.4.4 测量仪器

按照我国现行的标准规定，实际上仍按式（3-28）来测吸收系数。其测试装置如图3.10所示，这种仪器的测量精度可达0.005。

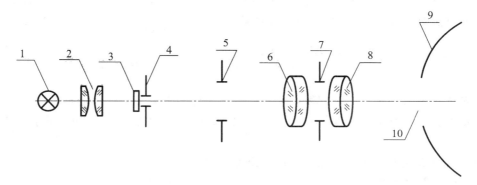

1—光源；2—聚光镜；3—滤光片；4—小孔光阑；5—消杂光光阑；
6—平行光管物镜；7—光阑；8—辅助透镜；9—积分球；10—积分球入口

图3.10 透过率测定仪的光学系统图

图中，聚光镜2将白光光源1发出的光会聚在小孔光阑4上。小孔光阑4与6、7、8组成平行光管。小孔光阑4位于平行光管物镜6的焦平面上，于是由平行光管物镜射出平行光，以照明试样，试样置于辅助透镜8和积分球9之间，光阑5是消杂光光阑。而光阑7是可变光阑，以便调节通过试样的光通量。为了减小积分球的直径，减小设备的体积，透过试样的光束常选用会聚光，辅助透镜8就起这个作用。为了和前述测量原理假定的条件（光束垂直入射）偏离不致太大，会聚光的会聚角不能太大。

采用积分球接收透过试样的光线，是为了使装在积分球壁上的光电接收器（光电池）的

受光面上形成均匀的照明，减小由于光电池受光面上各点特性不一致带来的影响。光电接收器的光电变换特性应满足线性规律，以使输出量的变化与输入光通量的变化成正比。光电池输出的光电流用检流计来指示。

3.4.5 对试样的要求和几点说明

对试样的要求：在每埚玻璃的中部取样，并磨成长 (100 ± 10)mm、横截面为 25×25 mm^2 的长方体，两端面用柏油抛光，表面疵病为 IV 级。两端面平行度不大于 $2°$，试样的条纹度不低于 2 类，气泡直径不大于 0.5 mm，内应力不低于 3 类。

几点说明：

（1）测吸收系数实际是测透射比，而透射比是由出射光通量和入射光通量之比来确定的。对入射的光通量 F_0 可用空测时的检流计读数 m_0 来体现，而透过试件的光通量 F_t 是在实测时用检流计的读数 m 来表示的，因此，两者是分别测得的。为了保证测量的正确性，在整个测量过程中应保证 m_0 不变，为此应给光源加稳压电源，并在读取实测读数 m 后，检查 m_0 是否发生了变化。稳压电源的性能应满足要求。

（2）应定期检查光电池的转换特性，看其是否满足线性关系，方法是用一套透射比为已知的中性滤光片来检查，并对其特性进行修正。光电池的灵敏度应大于 $350\ \mu A/lm$。

（3）光源应为白光光源，严格来说应规定光源的色温。

（4）当玻璃用于目视光学仪器时，在光电接收器前应加入修正滤光片，使其与光电接收器组成的系统光电转换特性与光谱光视效率相一致。

（5）当测量的精度要求高于仪器的测量精度时，可通过增加试样厚度的办法来达到。

（6）当采用双试样法时，可在分光光度计上进行。

3.5 有色光学玻璃光谱特性的测量

有色光学玻璃在仪器中常用做各种滤色镜，因此对其要求主要是光谱透射比特性。仪器中的减光镜要求各谱线有相同的透射比，因此它不会改变透射光的谱线强度的相对比例。

有色光学玻璃通常按其着色剂的特性分为三类：

（1）离子着色选择吸收玻璃；

（2）硒镉着色玻璃；

（3）中性玻璃。

前两类玻璃由于对光谱的不同区域透过和吸收的性能不同，因此具有颜色（在白光照明下观察它带有颜色），而第三类中性玻璃在可见光谱区域内透射比是相同的，因而不带颜色，又称灰色玻璃。但因它也是以光谱特性表示基本性能的，所以也列入了有色玻璃之中。

由于对有色玻璃的要求主要是光谱透射比特性，因此要描述它的特性，只需要描述其吸收比（或透射比）与波长的函数关系。

根据 WJ277－65 标准的规定，上述三类有色玻璃的光谱特性由以下诸参数表示，以期大约描述吸收比曲线的状态。

3.5.1　离子着色选择吸收玻璃的光谱特性

离子着色选择吸收类玻璃的理想特性是透射比曲线为理想的矩形曲线，如图 3.11 所示。但实际上这总是很难做到的，实际的透射比曲线表现为某一光谱段为明显的吸收，而另一光谱段为明显的透过，即曲线表现出明显的"峰"和"谷"。表征这类玻璃光谱特性的参数如下：

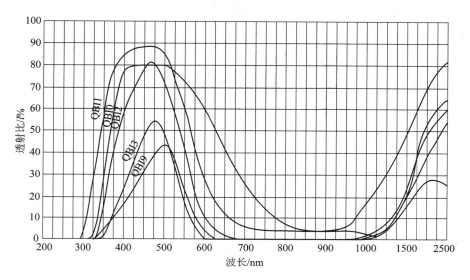

图 3.11　离子差色选择玻璃的光谱特性

（1）描述曲线上特征点的吸收比的参数 E_1，即标准中规定的波长 λ 处的吸收比。它对应曲线的峰、谷点。在标准中，对每种牌号的玻璃常规定若干个波长，以描述光谱中不同位置处的吸收比。

（2）描述曲线变化率的参数 $E_{\lambda_1}/E_{\lambda_2}$，在规定的波长 λ_1 和 λ_2 处，相应的吸收比应在规定的范围之内。不同牌号的玻璃规定的 λ_1 和 λ_2 是不同的。

3.5.2　硒镉着色玻璃的光谱特性

如图 3.12 所示，对这类玻璃的要求是具有相当宽的高透过区和高吸收区。其曲线的理想形状也是矩形，但它只分两个区域，因此可用做截止滤光片。在两区域之间的过渡越窄，就说明这类玻璃的性能越好。

这类玻璃主要品种有红色（HB）、黄色（JB）、橙色（CB）三种。表征这类玻璃的光谱特性参数如下：

（1）为了描述过渡区的位置及高透过区的吸收比，引入参数 E_{λ_0}。它表示标准中规定的在最大透射比区域内某一波长 λ_0 处的吸收比，以便大约表明透过区的吸收情况，而 λ_0 则大约确定了过渡区的位置。

（2）为了描述高透区的范围，引入参数 λ_{jx}。它表示规定的透过区波长的界限。该界限是这样规定的：对于规定厚度的玻璃，在可见光谱中透射比最大值的 50% 处所对应的波长定为光谱透过区界限波长。换言之，高透区的范围用光密度表示有

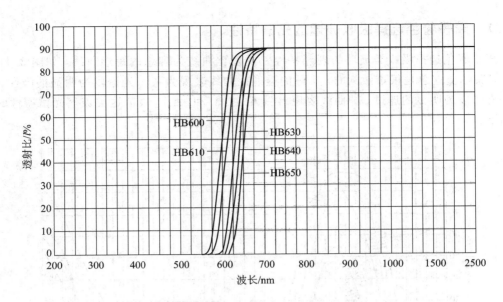

图 3.12　硒镉着色玻璃的光谱特性示例

$$D_{\lambda_{jx}} - D_{\lambda_0} = 0.3 \qquad (3-35)$$

式中：$D_{\lambda_{jx}}$ 为高透区界限波长所对应的光密度；D_{λ_0} 为最小光密度。

所谓光密度 D 定义为

$$D = \lg \frac{1}{t} \qquad (3-36)$$

式中，t 为透射比。它表示玻璃材料对光的透过特性，透过少，说明光密度大。

（3）为了描述过渡区的斜率，引入参数 K。它表示在规定的厚度下，波长 $(\lambda_{jx} - 20)$ nm 与 λ_{jx} nm 处（波长相差 20 nm）光密度的差值应在规定的范围内。或表示为

$$K = D_{\lambda_{jx}-20} - D_{jx} \qquad (3-37)$$

式中，波长 λ 以纳米作单位。

K 值越大，显然 $D-\lambda$ 曲线的斜率越大，过渡区越窄，玻璃的性能就越好。

3.5.3　中性玻璃的光谱特性

如图 3.13 所示，中性玻璃要求在整个光谱区内透射比是相同的，因而理想的透射比曲线是平行于波长轴的直线。对于实际的曲线，我们关心其平均吸收特性及 E_λ 在整个波段内变化的稳定性。为描述平均吸收特性或减光程度（曲线至波长轴的平均距离），用如下的参数表示，并在标准中对这些参数的值做了具体的规定。

（1）在规定的光谱区域内，吸收比的算术平均值 E_P。它是按下述规定的方法计算出来的：在规定的光谱区域内，每隔 20 nm 取点（牌号为 AB_1、AB_2 和 AB_3 的中性玻璃，规定光谱区为 440～660 nm，其余牌号的中性玻璃规定为 400～700 nm，设共取 n 个点，那么

$$E_P = \frac{\sum_1^n E_\lambda}{n} \qquad (3-38)$$

（2）表征在规定的光谱区内吸收比 E_λ 稳定性的参数 Q_P。它定义为

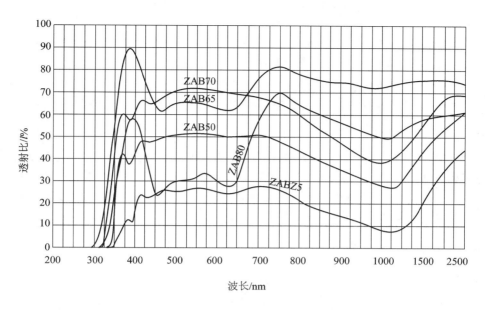

图 3.13　中性玻璃的光谱特性示例

$$Q_P = \frac{\sum_1^n |E_\lambda - E_P|}{n E_P} \times 100\% \tag{3-39}$$

式中，n 为在规定的光谱区内计算 E_P 时取样的点数。

（3）表明 E_λ 对 E_P 的偏离程度的参数 Q_z。同样，在规定的光谱区内它定义为

$$Q_z = \frac{E_\lambda - E_P|_{\max}}{E_P} \times 100\% \tag{3-40}$$

显然，Q_z 越小，说明 E_λ 对 E_P 的偏离越小，玻璃性能越好。

各种牌号的有色玻璃吸收比的光谱曲线，以及光谱曲线参数与规定值之间的允许偏差值，可参阅 WJ227—65《有色光学玻璃》标准。

3.5.4　光谱特性的测量

一、吸收比及其测量

如上所述，尽管为了表征有色玻璃的光谱特性规定了各种参数，但都是以吸收比 E_λ 为基础的，因此这些参数的测量都归结到吸收比的测量上来。

下面着重介绍吸收率的定义、计算和测量方法。

在吸收系数的测量一节中，我们知道，试样的透过比取决于表面透过率 $(1-\rho)$ 和内透射比 τ，并且有

$$t_\lambda = (1-\rho)^2 \tau_\lambda \tag{3-41}$$

其中，$\tau_\lambda = e^{-kl}$。当 $l=1$ mm 时，有 $\tau_{\lambda=1\,mm} = e^{-k}$，我们定义吸收比为

$$E_\lambda = \lg \tau_{\lambda,l=1\,mm}^{-1} \tag{3-42}$$

即有色玻璃的吸收比定义为：某一波长的光通过厚度为 1 mm 的有色玻璃时，用内透射比（不计反射损失）所计算的光密度。它同样反映了材料对光的吸收特性。

为了方便,可用光密度表示吸收比,由式(3-41)显然有

$$-\lg t_\lambda = -2\lg(1-\rho) - \lg\tau_\lambda$$

而

$$-\lg t_\lambda = D_\lambda, \qquad -\lg\tau_\lambda = \lg\tau_\lambda^{-1} = l\,\lg\tau_{\lambda,l=1\,mm}^{-1} = lE_\lambda$$

令$-2\lg(1-\rho) = D_r$,为由有色玻璃两表面透射比计算的光密度。于是上式变为

$$E_\lambda = \frac{D_\lambda - D_r}{l} \qquad\qquad (3-43)$$

其中,l为试样的厚度,单位 mm;D_λ为只考虑一次透射时用透射比计算的光密度;D_r为用试件的两表面透射比计算的光密度。计算D_λ时,反射系数用D光的折射率计算。

由式(3-43)可知,为测出某有色玻璃的吸收比E_λ,可通过测量玻璃试样的光谱透射比及厚度来求得,D_λ为一定值。

二、对玻璃试样的要求

测吸收比对玻璃试样的要求有以下几点:

(1) 玻璃试样应尽可能达到无气泡、条纹等,否则它们将影响透射比,给吸收比的测量带来误差。

(2) 试样的工作面应用沥青抛光,表面质量为

$$N = 7\sim9, \qquad \Delta N = 1, B = Ⅳ$$

(表面疵病为四级)

表面质量影响反射系数,可导致实际反射系数与计算值不一致,而造成误差,因此应提出要求。

(3) 试样的外形尺寸,如图 3.14 所示。a、b 的值依所使用仪器的样品室或样品架的大小而定,厚度l和厚度公差应符合有关规定。

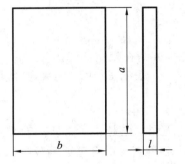

图 3.14 测吸收比对试样的要求

三、测量方法与测量仪器

1. 点测法

点测法就是利用分光光度计或单色仪,根据有色玻璃标准的具体要求,在规定的波长下,逐一地测定其透射比t_λ,并计算吸收比。所用的仪器主要有两种,一种是棱镜分光光度计,另一种是光栅分光光度计。下面介绍用棱镜分光光度计的测量方法。

(1) 把单色仪的波长手轮置于所要求的波长位置上,以使单色仪射出所要求的单色光。

(2) 空测(不放试件)。调整出射狭缝的宽度,使指示器读数为100,以便计算。

(3) 引入试样,在指示器上读数,该读数即为规定波长下的透射比t_λ。

将测得的透射比值t_λ代入式(3-43),即可计算吸收比。对不同波长,可重复上述步骤。

为了保证在测量过程中不因电源电压的变化而使光源的强度改变,光源应由稳压电源供电。

2. 自动记录测量法

利用双光束自动记录式分光光度计来测量和记录有色玻璃的光谱透射比，是一种比较方便、迅速而又准确的方法。它能自动地给出某一光谱区域内的透射比曲线（$t_\lambda - \lambda$ 曲线）。该曲线描述玻璃的光谱透射比，全面、清楚，一目了然。近代电子技术的发展，也推动了这类仪器的自动化，目前，有的仪器已配上计算机，可以完成自动控制、自动显示，以及数据打印和绘制曲线输出等多种功能。

本 章 小 结

1. 在物理学中，折射率的定义有：$n_{1,2} = \dfrac{v_1}{v_2}$，称为第二种介质对第一种介质中的相对折射率。其中：v_1 为光在第一种介质中的传播速度；v_2 为光在第二种介质中的速度。当 $v_1 = c$ 时（c 为光在真空中的速度），即光从真空入射到介质中时，有 $n = \dfrac{c}{v}$，称为介质对真空的折射率或绝对折射率，简称折射率。

2. 色散系数：也称阿贝数，其计算公式为 $v_D = \dfrac{n_D - 1}{n_F - n_C}$，其中，$n_C$、$n_D$、$n_F$ 分别为 C 光、D 光、F 光对某一介质的折射率；$\lambda_C = 656.28$ nm、$\lambda_D = 589.13$ nm、$\lambda_F = 656.28$ nm；n_D 和 v_D 是光学玻璃的光学常数。

3. 测量光学玻璃折射率的常用方法有 V 棱镜法、全反射临界角法和最小偏向角法。它们都是折射定律、反射定律在特定条件下的应用。

4. 退火后玻璃还会保留一定程度的内应力，称为残余应力。所谓光学玻璃的应力，就是指这种残余应力。玻璃的残余应力会引起双折射，光学玻璃的应力指标是以光通过 1 cm 厚的玻璃时，由 o 光和 e 光所产生的光程差表示的。双折射的测量方法主要是采用干涉色法（简式偏光仪法、全波片法和 1/4 波片法）。

5. 产生光学玻璃不均匀的原因有化学原因和物理原因。其检验方法是基于不均匀性产生的原因以及不均匀性导致的各种光学现象来设计的，如星点和分辨率测定法、泰曼干涉仪法、全息干涉法、边缘应力法和阴影法等。

6. 单色光在均匀介质中通过厚度为 l 的一层介质后，光通量 F 减至 F'，则 $F' = Fe^{-kl}$，k 为介质对单色光的吸收系数。

7. 测量吸收系数，必须使光通过玻璃，而光在玻璃表面总是有反射的。由物理光学可知，当光由空气中垂直射到玻璃上时，反射系数可表示为 $\rho = \left(\dfrac{n-1}{n+1} \right)^2$，$n$ 为玻璃的折射率。

8. 有色光学玻璃按其着色剂的特性分为三类：

(1) 离子着色选择吸收玻璃，其理想特性是透射比曲线为理想的矩形曲线。

(2) 硒镉着色玻璃，它具有相当宽的高透过区和高吸收区。

(3) 中性玻璃，其理想的透射比曲线是平行于波长轴的直线。

思考题与习题

1. 要使 V 棱镜折光仪达到预期的测量精度，测量时应保证哪些测试条件？

2. 对 V 棱镜折光仪与阿贝折光仪所用折射液的要求有什么区别？

3. 阿贝折光仪测量光学玻璃折射率时，其测量范围由什么决定？用日光照明，测出的折射率为什么是 n_D？

4. 如何提高最小偏向角的位置判定精度？

5. 用全波片法和 1/4 波片法检测玻璃双折射时两种波片的作用机理有何区别？

6. 若用半影检偏器检测光学玻璃双折射光程差，其半影角应如何确定？

7. 应力双折射测量时，为什么要找玻璃主应力方向？玻璃主应力方向如何确定？

8. 简述三种有色玻璃的光谱特性。

9. 有色光学玻璃的光谱特性参数检测时，为什么对试样的厚度有要求？试样的厚度取多少为宜？

第4章 光学零件的测量

本章主要利用第2章介绍的基本仪器和方法,讨论对与光学零件和成像有关的几何参数和光学参数进行测量的方法及原理。对于平面光学零件,主要有面形偏差、角度误差、平行度及最小焦距等参数;对于球面光学零件,主要有面形偏差、曲率半径、焦距及顶焦距等参数。

教学目的

1. 掌握检验球面光学零件面形偏差的方法。重点掌握玻璃样板法的原理、高低光圈的识别方法以及光圈数与半径偏差之间的关系。

2. 掌握用单臂式(斐索型)或双臂式(泰曼型)激光球面干涉仪检测球面的面形偏差及半径测量的方法。

3. 了解用阴影法检测球面面形偏差的原理和方法。

4. 了解常用非球面的面形偏差检验方法,如点测法和样板法等。

5. 掌握用钢珠式环形球径仪测量曲率半径的原理及方法。

6. 掌握平面光学零件角度及平行度测量的常用方法。

7. 掌握常用的焦距测量方法。

技能要求

1. 能够利用玻璃样板实现生产过程中球面光学零件面形偏差的检测。

2. 能够正确使用球面干涉仪测量面形偏差及半径等参数。

3. 能够利用钢珠式环形球径仪测量球面光学零件的曲率半径。

4. 能够利用精密测角仪或比较测角仪实现平面光学零件角度的测量。

5. 能够用自准直法检测直角棱镜 $D_{\parallel}-180°$ 的棱差及角度偏差。

6. 能够选择合适的方法对不同光学零件或系统的焦距进行测量。

4.1 光学面形偏差的检验

光学零件的折射面和反射面都称为光学面或工作面。工作面实际面形对理想面形(设计时要求的面形)的偏离称为面形偏差。面形检验是光学零件检验中最基本、最重要的检验项目之一,它将直接影响光学零件的质量,并且也是光学检验水平的重要标志。

光学零件的工作面最常用的是球面和平面。这除了因为它们能满足特定的要求之外,还因为它比较容易加工。此外,在很多光电仪器中还采用了一些非球面。在目前情况下,非球面加工较为困难,在非球面的加工、检验问题得到解决之后,采用非球面将对光电仪器的发展起重要作用。

光学零件面形偏差的检验方法很多,所依据的原理也各不相同,但还是可以进行大概归类的。我们知道,测量实际上是一种比较,对于面形的检验也是如此。为了检验实际面形是否符合要求，应将实际面形与理想面形或标准面形进行比较，看其差别是否超出了规定的公差界限。为此，必须获得实际面形或其代表物（例如某一与实际面形有确定关系的波面）以及标准面形或其代表物，以便进行比较。

当上述两者都能以数学的形式给定时，例如标准面形可用数学表达式给定，而实际面形可通过在一定的坐标系中确定实际面形上某些点的坐标（抽样）的办法来得到，那么，"比较"是在数据处理中完成的。

当两者都以各自对应的波面（可令光波在其上反射得到）作为代表物时，可令它们相互干涉而实现比较。使用样板法（接触式干涉法）或两种基本的干涉仪——裴索干涉仪或泰曼—格林干涉仪（非接触干涉法）都能完成这个任务。为了提高灵敏度和读数精度，可采用多通道干涉法和多光束干涉法。使用剪切干涉（通过原始波面与错位波面的比较）、散射干涉法等无参考镜干涉测量方法是解决大孔径光学零件表面面形偏差测量的有效方法。随着激光、光电子和数值计算技术的不断发展而出现的相位探测技术，测试精度可达 $\lambda/70 \sim \lambda/100$。此外，对大孔径的光学表面实行阴影法检验，也是常用的简便易行的方法。这时"比较"是由实际面形上反射的波面与假想的理想球面之间进行的。

4.1.1　球面光学零件面形的检验

一、干涉法

如前所述，干涉法有接触式和非接触式之分，下面分别讨论之。

1. 玻璃样板法

所谓样板，就是按有关规定，被选作标准（面形和半径）的标准面。玻璃样板法就是将样板与被检工作面紧密接触，用接触面间产生的干涉条纹的形状和数目来判断被检工作面对标准面的偏离的检验方法。这种方法同时可以检验被检工作面对样板的曲率半径的偏差，这可根据干涉条纹（光圈）的数目来判断。

玻璃样板法是一种十分古老的方法，然而由于它简便易行，精度很高，因此目前仍然广泛应用于零件检验和工艺过程中的检验。该方法的缺点是，由于是接触测量，因而容易损伤工件，当孔径较大时，由于样板的自重变形、工件受压变形以及两者的温度变形等将使测量精度显著下降。因此，样板法一般用在孔径不超过 $180 \sim 200$ mm 时。个别情况下，也有用小样板分区逐段检验大孔径工件的，但由于精度和效率都不高，故一般很少采用。

下面先讨论面形偏差的表示方法和光圈的识别方法。

1) 球面零件面形偏差的表示方法

半径偏差：即使零件的表面是标准球面，它还可能与样板有不同的曲率半径，此时产生规则的牛顿环（光圈），这种半径偏差就可以用有效孔径内的光圈数 N 表示。为表示偏差的性质，光圈数 N 用代数量表示。高光圈 N 取正值；反之，N 取负值。样板的孔径一般要大于被测零件的孔径。

面形偏差：指被检面对球面的偏离。这种偏差一般可分为两种情况。

(1) 光圈不圆，呈椭圆形。此时用椭圆的长轴和短轴方向上干涉条纹之差（或在互相垂直的方向上干涉条纹的最大代数差值）$\Delta_1 N$ 来表示，并称为像散偏差。

$$\Delta_1 N = |N_x - N_y| \tag{4-1}$$

其中，N_x、N_y 分别为椭圆长、短轴方向的光圈数，它们都为代数量。

（2）光圈局部变形。变形量用光圈数表示为 $\Delta_2 N$，称为局部偏差。

一般情况下，半径偏差和面形偏差总是同时存在，因此，有的光圈在样板孔径之内可能看不到其全部，而只能看到其一部分。在 GB2831-81 中，将上述偏差都称为面形偏差。

2）光圈识别法

在同样偏差的情况下，光圈的数目总是与照明光源的波长相关联的，因此，用光圈数表示偏差时，必须对使用的波长做出规定。我国"光圈识别标准"GB2831-81 规定，标准光圈对应的波长为 $\lambda = 546.1$ nm。

由等厚干涉原理知，当干涉条纹变化一级时，相当于厚度变化 $\lambda/(2n)$，其中，n 为引起相干光光程差变化的介质的折射率，λ 为相干光在真空中的波长。我们规定以 $\lambda/(2n)$ 作为计量偏差的单位，或者说，当偏差为 $\lambda/(2n)$ 时，称偏差为"一道圈"。

GB2831-81 规定，光圈的度量法如下：

$|N| > 1$ 时，以有效检验范围内直径方向上最多光圈数 N_{max} 的二分之一表示，即

$$N = \frac{N_{max}}{2} \tag{4-2}$$

如图 4.1(a) 中所示，$|N| = \frac{4}{2} = 2$。

$|N| < 1$ 时，在有效检验范围内看不到完整的光圈或只能看到逐渐变化的颜色（干涉色）。

对于球面，可利用颜色—间隙对照表查出边缘与中间颜色对应间隙的差值来计算光圈数，见表 4-1。

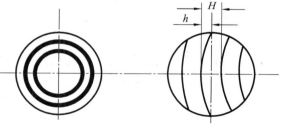

(a) $|N| = 2$ (b) $|N| = h/H$

图 4.1　光圈的度量法

表 4-1　颜色—间隙对照表

序　号	空气层厚度/nm	光圈数	颜色	序号	空气层厚度/nm	光圈数	颜色
1	27.3	0.1	黑灰	11	300.4	1.1	紫蓝
2	54.6	0.2	铁灰	12	327.7	1.2	蓝
3	81.9	0.3	草灰	13	355.0	1.3	淡绿蓝
4	109.2	0.4	灰	14	382.3	1.4	淡黄绿
5	136.5	0.5	灰白色	15	409.6	1.5	绿黄
6	163.8	0.6	淡黄	16	436.9	1.6	黄
7	191.1	0.7	黄	17	464.2	1.7	深黄
8	218.4	0.8	深黄	18	491.5	1.8	玫瑰红
9	245.7	0.9	橙红	19	518.8	1.9	淡红紫
10	273.0	1.0	紫红	20	546.1	2.0	紫

备注：此表表示的是用样板检验，以荧光灯作光源时，与空气隙厚度相对应的光圈数和颜色。

当零级条纹附近出现一片灰白色而不易确定颜色的差别时，可扩大被检零件与标准面之间的间隙，使之出现较明显的颜色，再按上述方法计算。应该指出的是，干涉色与光源的光谱特性及样板的材料有关。采用上述方法计算光圈时，光圈数应取由颜色所确定的中间光圈数和边缘光圈数之差。

如果检验的是平面，可在样板中观察，如图 4.1(b) 所示的干涉条纹（这只需要适当选择样板与被检平面间的夹角），一般取 3～5 个条纹。干涉系统数的计算式为

$$N = \frac{h}{H} \tag{4-3}$$

用同样的办法可以计算像散偏差 $\Delta_1 N$ 和局部偏差 $\Delta_2 N$。

最后应指出，在不同方向观察等厚条纹，会得到不同的结果。为了测量沿球面法线方向的偏差，除了要保证照明光线沿法线入射外，观察方向也应与该法线方向对应的出射光线的方向一致。

样板法通常用目视法观察，测量精度一般为 0.1 个光圈左右。

3）光圈数 N 和半径偏差 ΔR 的关系

设样板的半径为 R_0，被检件半径为 R，检验时工作孔径为 D_g，在工作孔径内，样板和被检件的矢高分别为 X_{R0} 和 X_R，整个工作孔径内的光圈数为 N。假定照明光束沿着样板标准面的法线方向，并且观察方向与此方向对应，有

$$R_0 = \frac{D_g^2 + 4X_{R0}^2}{8X_{R0}} \tag{4-4}$$

将上式两边微分得

$$\mathrm{d}R = \left(\frac{1}{2} - \frac{D_g^2}{8X_{R0}^2} \right) \mathrm{d}X_R$$

而

$$\Delta X_R = \begin{cases} N \cdot \dfrac{\lambda}{2} & \text{（低光圈）} \\[2mm] N \cdot \dfrac{\lambda}{2\cos u_g} & \text{（高光圈）} \end{cases} \tag{4-5}$$

其中，u_g 为工作孔径 D_g 对应的样板标准面的孔径角，且 $\sin u_g = \dfrac{D_g}{2R_0}$，所以得到

$$\Delta R = \left(\frac{1}{2} - \frac{D_g^2}{8X_{R0}^2} \right) \cdot \begin{cases} N \dfrac{\lambda}{2} & \text{（低光圈）} \\[2mm] N \dfrac{\lambda}{2\cos u_g} & \text{（高光圈）} \end{cases} \tag{4-6}$$

其中，$X_{R0} = R_0 - \sqrt{R_0^2 - \left(\dfrac{D_0}{2} \right)^2}$。

2. 干涉仪法

采用干涉仪进行非接触测量，可以避免样板法的许多弊病。特别是激光问世以后，由于它的亮度高，相干性好，因而使这类仪器获得了迅速的发展和更加广泛的应用。

干涉法同样板法一样，可以同时检验曲率半径偏差和面形偏差，因此检验工作可分为两步进行，首先检验被测面对球面的偏差（面形偏差），然后测量曲率半径，并计算曲率半

径的偏差。

使用单臂式(斐索型)或双臂式(泰曼型)激光球面干涉仪都可以完成上述任务。

检验面形偏差时,应使由标准面上反射得到的标准波面与被测面上反射得到的测试波面两者球心重合,或稍有横向偏离,并观测其干涉图,当上述两波面之间没有差别时,干涉图为均匀一片或很少的几条平行直条纹,并且不管条纹方向如何(它对应两波面球心沿不同方向横向偏离)都为直线,间距也相等。如果存在面形偏差,则条纹呈现椭圆形或发生局部弯曲(分别对应 $\Delta_1 N$ 和 $\Delta_2 N$),这时可按前述光圈识别方法判读。

应该注意的是,在激光球面干涉仪上,使用 He−Ne 激光器作为光源,波长为 632.8 nm,这与光圈识别标准规定的标准波长 $\lambda = 546.1$ nm 不同,因此,在激光球面干涉仪上测得的面形偏差 $\Delta_1 N$ 和 $\Delta_2 N$ 应该换算成用标准波长表示的相应的数值,这可以通过乘上修正系数 $k = 632.8/546.1 = 1.16$ 实现。

测量曲率半径时,只需移动被测件,使被测面的球面的顶点及球心分别瞄准标准球面球心,并测出被测件移动的距离,即可得到被测球面的曲率半径。被测件移动的距离可由精密测长机构(如光学测长、计量光栅测长或激光测长)测出。在这里,瞄准是通过干涉的方法进行的,即以瞄准时干涉场上干涉图的特征作为判别准则来进行瞄准,由第 2 章干涉仪的介绍可知,这个位置的干涉条纹最疏,甚至看不到条纹(干涉场上具有均匀的亮度)。

当被测面的曲率半径很大时,就应选择具有更大半径的标准面。当标准波面的焦点受结构限制无法与被测球面顶点实现瞄准时,对顶点的瞄准就不得不采用接触式瞄准方法,但对球心的瞄准则仍可采用干涉法。如图 4.2 所示,(a)、(b) 两图分别对应检验凸面和凹面的情况。此时,只有测出 ΔR,才能求得被检球面的曲率半径 R_x。由图知:

$$R_{x凸} = R_{标凹} - \Delta R$$
$$R_{x凹} = R_{标凸} + \Delta R \tag{4-7}$$

于是可以求得被测球面半径偏差为

$$\Delta R_x = R_x - R_{x0} \tag{4-8}$$

其中:R_{x0} 为被测球面的曲率半径标称值;$R_{标凸(凹)}$ 为干涉仪标准面的曲率半径,当使用双臂式激光球面干涉仪时,它近似于标准物镜的焦距 f'。此时,式(4-7)中的 ΔR 也应做必要的修正。

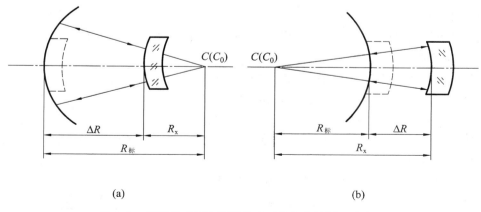

(a)   (b)

图 4.2　利用球面干涉仪测量球面曲率半径原理示意图

(a)凸面检验;(b)凹面检验

对于平面的面形检验，可以使用激光平面干涉仪，此时可使两相干波面平行或相互微微倾斜，产生 3～5 条干涉条纹来进行判读。

利用平面干涉仪测量大曲率半径（如半径为几十米至上千米）的球面时，读取全孔径的光圈数后，可按下式求出半径的大小（考虑到半径很大、孔径角很小）：

$$R \approx \frac{D_g^2}{8X_R} = \frac{D_g^2}{4N\lambda} \qquad (4-9)$$

其中：D_g 为被检面的实际工作孔径；N 为在 D_g 范围内的光圈数；λ 为工作波长。

二、阴影法

1. 用于曲率半径的测量

用阴影法测量曲率半径，是用刀口仪确定被测球面的球心位置，然后量取刀口和被测球面边缘的距离，作为被测球面的曲率半径。

测量中存在下面几项主要误差。首先是用刀口至被测球面边缘的距离代替曲率半径的替代误差，其次是阴影法的定焦误差、像散引起的定焦误差以及测量时的瞄准误差和标准量的误差等。分析表明，上述这些因素中，测量时的瞄准误差和标准量的误差是主要因素，因为当被测的曲率半径较大时，标准量的误差常常是较大的。尽管如此，因为被测的曲率半径很大，所以相对误差并不大。因此，用阴影法测量大曲率半径（凹面镜）时，还是有很高的精度的。

2. 用于面形的检验

1）凹球面面形的检验

用阴影法检验凹球面的面形误差时，如果凹球面的面形很好，那么刀口置于球心位置时，不计像散影响，就会看到"平面形象"的阴影图。如果凹球面有面形误差，则可看到明暗变化的阴影图。设面形偏差为 ΔR，那么由于光线在其上的反射将引起波像差 $\Delta W = 2\Delta R$。假定阴影法的波像差灵敏阈为 $\lambda/20$，那么，$\Delta R = \Delta W/2 = \lambda/40$，于是，使用刀口仪可以发现 $\lambda/40$ 的反射球面的面形偏差。这说明，自准直法同样可以使阴影法测量精度提高一倍。面形偏差的方向，可根据阴影图的"凸起"或"凹下"来判断。

2）平面反射镜的检验

阴影法应使用于会聚光路中。当被测面为平面时，使用刀口仪显然是无法直接检验的，因此，应引入辅助聚焦系统，以便组合后能满足阴影法的使用条件。当然辅助系统不应引入波像差，否则将影响到平面面形的检验。

采用凹球面反射镜作为辅助聚焦系统的光路图如图 4.3 所示，星孔点 P 发出的光线经被测平面反射镜反射，投向凹球面反射镜，由其反射后再次由被测平面反射镜反射，然后聚焦于刀口仪

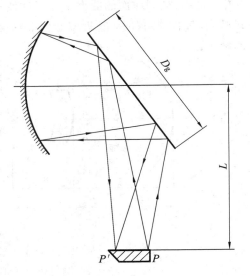

图 4.3　阴影法检验平面反射镜原理

的刀口处。由此可实现阴影法检验。

为了获得较高的检验精度，凹球面应具有良好的面形，其面形偏差不应超过可以被忽略的限度；其相对孔径 D/R 一般取 $1/8\sim1/11$。被测平面反射镜可与轴线成近似 45 度角放置，其距离凹球面反射镜近些，可有效减小凹球面反射镜的孔径。

被测平面反射镜具有面形偏差时，由于星孔处于轴外，因此成像时平面反射镜和凹球面反射镜都会带来像散。但星孔对凹球面反射镜的轴线偏离要比平面反射镜的轴线偏离小得多，所以凹球面反射镜的影响可以忽略不计，而认为像散是由平面反射镜引起的。因引，通过测量像散值来计算平面反射镜的面形偏差，再根据子午焦线和弧矢焦线的相对位置来判断平面反射镜面形性质(凸或凹)。

4.1.2 非球面检验

目前，非球面在光电仪器中的应用越来越多。非球面的应用，可以简化系统结构，缩短筒长，减小系统重量，提高系统成像质量，使光学系统向红外和紫外波段扩展。随着非球面加工、检测设备的研制、开发与使用，非球面加工成本不断降低，非球面在光电仪器中的应用，会像现在采用球面那样广泛和自由，到时将大大改变光电仪器的面貌，为光电仪器的进一步发展做出更大的贡献。

非球面与球面不同，其类型、性质、参数、加工精度要求、使用条件等，具有丰富的多样性，因此，创立检验非球面的万能方法或万能仪器是不可能的，这就决定了非球面的检验方法和仪器的多样性。

目前，对二次回转曲面的测量最为成熟，相对来说应用也较多，所以得到较大的重视。

一、常用非球面的分类

光电仪器中常用的非球面按其面形特征分类，如图 4.4 所示。

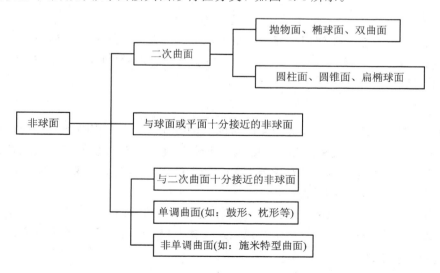

图 4.4　常用非球面的分类

二、非球面面形检验

1. 点测法（抽样法）

当被测非球面接近平面，并且孔径很大时，用阴影法或干涉法检验比较困难，这时可采用点测法。例如：检验施米特型曲面（能有效消除球差的高次曲面），如图 4.5 所示，由于它与平面十分接近，所以可采用自准直测角法逐点测出它们的实际面形。

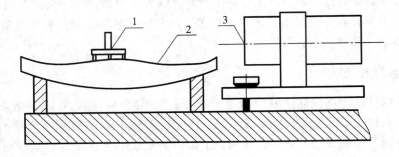

1—平面反射镜；2—被测非球面；3—自准直测微望远镜

图 4.5　点测法检验非球面

图中，平面反射镜的支承称为桥板，它有三个钢球作为支点，其中两个位于平面反射镜 1 的法线方向。当反射镜在桥板上沿被测件直径方向移动时，在不同位置反射镜将发生不同的倾斜，倾斜量可由自准直测微望远镜 3 测出，由倾斜量计算出面形的改变量，最后将获得的改变量绘制成折线，从而获得被测曲线的形状。

上述方法是使桥板在被测面上滑动，属于接触式测量。接触式测量有可能损伤零件的工作面，因此，可以采用非接触式测量，即用五棱镜替代反射镜，同样能完成测量任务。

2. 样板法

样板法属于干涉法。要使用样板法测量非球面，只有当非球面与球面或平面非常接近时才能使用，偏离量最好在 $10\sim20\lambda$。干涉法是用干涉条纹来判断偏离量的方法，前面已讲述，在此不再赘述。

3. 阴影法

前面已讲过，阴影法是通过被测波面与球面进行比较，来发现被测波面对球面的偏差的，因此，为在非球面上使用阴影法，则这个非球面的理想形状必须满足形成球面波的条件。由于一类二次非球面具备一对无像差共轭点，所以满足以上要求。因此，阴影法在二次非球面的检验中获得了广泛的应用。

利用阴影法检验这类具有一对无像差共轭点的二次非球面时，只需在两共轭点中的一个点上设置星孔或光源，而在另一个共轭点上设置刀口，即可实现阴影法检验。

4. 检验二次回转曲面的干涉法

具有一对无像差共轭点的二次回转曲面，也可以用干涉法来检验。这时，只需在一个共轭点上设置点光源或点光源的像，并且能把交于另一共轭点的光波引出，使其与某一标准球面波干涉或者实现错位干涉，当然也可以实现点衍射干涉和散射干涉。其光路形式与阴影法非常相似。

利用无像差共轭点法检验的困难是表面反射的光很弱，因此一般检验时要镀膜；检验时调整也很困难。此外，这种方法也常常采用自准直光路形式，因而需要标准球面反射镜，而标准球面反射镜由于光路的需要又常常要在中央开孔，这就使被检面中央部分形成一个盲区。

5．补偿法

补偿法是通过专门设计的补偿镜，将标准平面波或球面波转换成与被测曲面的理想面形一致的波面，并使其在被测镜面上反射后，带着被测面面形信息再次反向通过补偿镜作为被测波面，而以由补偿镜某表面反射得到的标准球面波作为参考波面的双光束干涉法，如图 4.6 所示。另外，还有将上述被测波面与理想球面进行比较的阴影法，如图 4.7 所示。

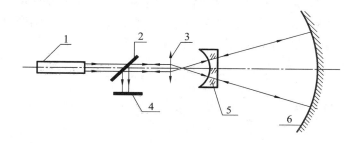

1—He-Ne激光器；2—析光镜；3—标准物镜；4—投影屏；5—补偿镜；6—被测面

图 4.6　利用双光束干涉进行检验的补偿法

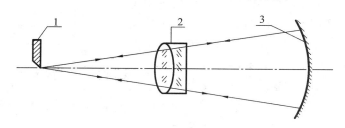

1—刀口仪；2—补偿镜；3—被测面

图 4.7　利用阴影法进行检验的补偿法

补偿法可用于回转对称的曲面，如二次或高次曲面，但要设计出合适的补偿镜往往是不容易的。对于并不以光轴为回转对称的曲面（如圆柱面、圆锥面）不能用补偿法。补偿法的优点是可用于高次曲面。

6．全息干涉法

全息干涉法是将记录了标准波面的全息图通过全息方法使标准波面再现并与测试波面相干，从而实现检验被测面面形目的的检验方法。记录标准波面的全息图，可用全息干涉法通过标准面获得，也可用计算全息图（GGH）来代替。全息干涉法从原理上讲，可以用于一切形式的非球面检验，但全息图的制备，特别是计算机全息图的制备常常是相当困难的。

4.2 曲率半径的测量

光电仪器中使用了大量的透镜零件，这些透镜表面的曲率半径范围是很宽的，小到零点几毫米，大到几十米。目前，还没有一种能在这样宽的范围内都能使测量精度达到要求的普遍方法，因此，曲率半径的测量方法必然是多种多样的。

4.2.1 机械法

机械法是通过测量球面确定部分所对应的矢高来间接实现曲率半径测量的。矢高的测量是通过接触瞄准的方法实现的，因此，本方法是一种机械法。由于是将被测量与绝对式标准量（标尺）比较而完成测量的，所以本方法属于绝对测量法，它是曲率半径测量的一种基本方法。由于采用接触式瞄准，因此被测表面不需要抛光，可以在细磨过程中就较准确地控制曲率半径的大小，减小抛光工序的负担，提高生产效率。

一、测量原理

在图 4.8 中，根据几何关系有

$$R = \frac{r^2}{2X_R} + \frac{X_R}{2} \qquad (4-10)$$

其中：r 为球面上确定部分的半径；X_R 为对应的矢高。

由式(4-10)可知，只要测得 r 和 X_R，即可求得 R。实际上，为了方便，可以利用已知直径为 $2r$ 的测量环来支承球面，这时只需测得 X_R，便可计算出曲率半径 R。环形球径仪就是按照这一原理制成的。

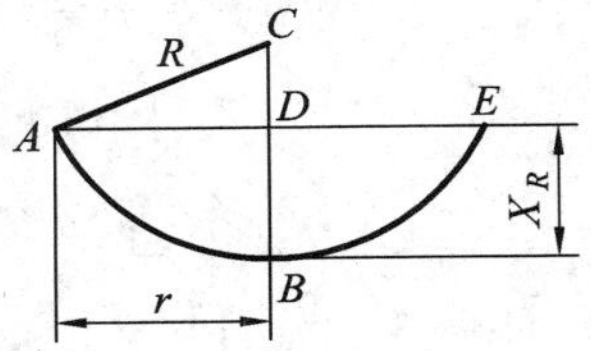

为了精确确定 r 值，测量环与球面接触的棱边应做得很尖锐，以便对尺寸 $2r$ 的测量达到较高的精度。这种测量环称为尖棱式测量环。但是尖棱测量环的耐磨性差，磨损会给测量带来误差。

为了解决上述问题，用分布在环上的三个钢珠作为支点的测量环，它耐磨，易于制造，被测件与测量环容易完全接触，所以孔径较大的环都做成钢珠式的，只有小孔径的测量环，由于制造与结构上的不便，才采用尖棱式。

图 4.8 用尖棱式测量环测曲率半径

使用带钢珠的测量环测量曲率半径，如图 4.9 所示。由图有

$$(R+\rho)^2 = r^2 + (R - X_R + \rho)^2 \qquad (4-11)$$

可求得 R

$$R = \frac{r^2}{2X_R} + \frac{X_R}{2} - \rho \qquad (4-12)$$

上式是对凸球面得到的，同理对凹球面有

$$R = \frac{r^2}{2X_R} + \frac{X_R}{2} + \rho \qquad (4-13)$$

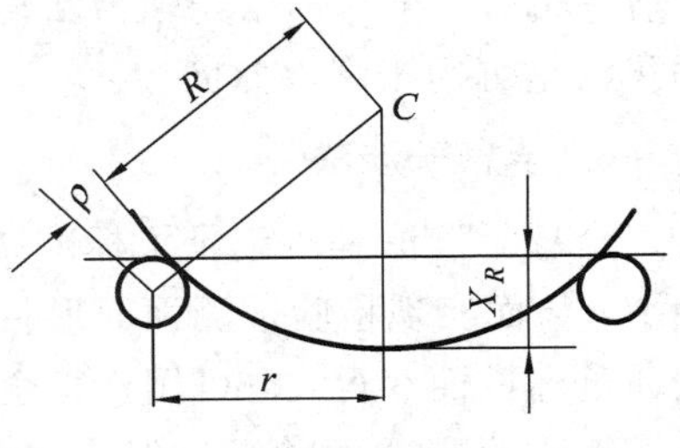

图 4.9 用钢球式测量环测曲率半径

其中，ρ 为钢珠的半径。

二、测量仪器

机械法测曲率半径最主要的仪器是环形球径仪，其主要结构如下。

1. 测量环

测量环是实现上述测量方程式所必需的，同时给定 r、ρ 的值，并起支承定位作用。常见的测量环有两种，即尖棱式和钢珠式。钢珠式测量环用在孔径较大的球面，一般按 r、ρ 的不同值准备 5～7 个。

2. 测量杆和标尺

测量杆位于测量环中央，并能沿环的轴线移动，其上带有测量触头，是测量瞄准部件。测量杆始终受到一个向上的力作用（利用重锤的重力转化而来），因此，当被测件加在测量环上时，测量杆便与被测球面接触，实现接触瞄准。

标尺装在测量杆上，它是测量矢高 X_R 的标准量。标准量设置在测量杆上是为了使测量线与被测线重合，从而满足长度比较原则，标尺分划值为 mm。为了提高测量精度，给出了标准量的修正值。

3. 显微镜

显微镜的作用是当测量杆实现接触瞄准后，对瞄准杆上的标尺进行读数。为了提高读数精度，读数显微镜采用了阿基米德螺旋式测微目镜。

三、测量方法

具体测量方法如下：

（1）按被测球面的孔径，选尽可能大的测量环。选取测量环直径 $2r$ 比被测零件直径小 3～10 mm。

（2）瞄准矢高 X_R 的一个端点。将一平面样板放在选定的测量环上，工作面与测量环接触。此时测量杆的触端与平面样板的工作面接触，确定零位。从显微镜中读取与零位对应的标尺的读数 X_{R1}。

（3）瞄准矢高 X_R 的另一个端点。取下样板，换上被测球面，此时测量杆与球面顶点接触，确定顶点位置，通过显微镜读取顶点对应的读数 X_{R2}，则矢高 $|X_R| = |X_{R2} - X_{R1}|$。

（4）进行数据处理。

四、测量精度

由式（4-12）和式（4-13）得曲率半径的标准误差为

$$\sigma_R = \pm \sqrt{\left(\frac{r}{X_R}\right)^2 \sigma_r^2 + \frac{1}{4}\left(1 - \frac{r^2}{X_R^2}\right)^2 \sigma_{X_R}^2 + \sigma_\rho^2} \tag{4-14}$$

在使用球径仪时，一般都给出了 σ_r 和 σ_ρ 的值，$\sigma_r = \pm 0.001$ mm，$\sigma_\rho \approx \pm 0.0005$ mm，所以只需要对 σ_{X_R} 做分析计算。

σ_{X_R} 主要包括标准量的误差 $\sigma_{X_{R1}}$、读数显微镜的螺旋线分划板的螺距误差 $\sigma_{X_{R2}}$ 和显微镜的对准误差 $\sigma_{X_{R3}}$。测量一次矢高，需要进行两次瞄准，所以上述三个因素引起的矢高测量

误差为

$$\sigma_{X_R} = \pm \sqrt{\sigma_{X_{R1}}^2 + 2\sigma_{X_{R2}}^2 + 2\sigma_{X_{R3}}^2} \qquad (4-15)$$

　　除了上述误差外，在测量较大的零件时，必然引起测量环的变形。被测件的重量与平面样板的重量相差较大时，在零位测试和顶点测试，测量环的变形量不等，这样就会给测量矢高带来误差，在测试时要加以考虑。

　　在一般情况下，温度的影响较小，可以忽略不计。

4.2.2　自准直法

　　机械法采用的是接触式瞄准，并且靠工作面与测量环接触定位，这样容易损伤工作面。为了克服这一缺点，可以改用光学瞄准的方法，但要求被测件表面是抛光的。由于测量的是半径，其两端点之一是球心，因此采用光学瞄准方法时应采用自准直法。所以自准直法测量曲率半径，就是用自准直望远镜或自准直显微镜分别对被测面的球心和顶点进行瞄准，并使两者之间的距离（即半径）直接与绝对式标准量进行比较，进行曲率半径的测量。自准直法也是一种基本的测量方法。

一、测量原理

　　如图 4.10 所示，为了瞄准球心，必须使从自准直仪射出的光线通过球心（即沿被测球面的曲率半径方向射向球面），此时，自准直像与瞄准标志重合；而为了瞄准球面顶点，只需轴向移动自准直仪，使自准直仪的出射光会聚点与球面顶点重合，此时将两次看到自准直像与瞄准标志重合的状态。设两次瞄准的读数分别为 x_1、x_2，那么，曲率半径为

$$R = |x_1 - x_2|$$

图 4.10 是测量凸球面的情形，测量凹球面的原理与之相似。

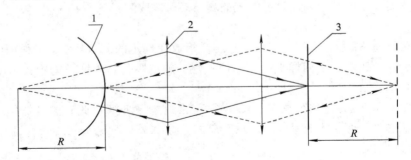

1—被测球面；2—自准直仪物镜；3—自准直仪分划板

图 4.10　自准直法测量曲率半径

　　由上述分析可知，我们在测量时必须注意以下两个问题：

　　（1）当被测球面的曲率半径较小时，可采用自准直显微镜作为瞄准仪器。为了提高瞄准精度，显微镜的数值孔径应满足被测件相对孔径的要求。当测量凸球面时，要求显微镜有足够的工作距离，即其工作距离应大于被测凸球面的曲率半径，否则将无法实现对球心的瞄准。

　　（2）当球面的曲率半径很大时，用自准直显微镜法就存在结构上的不便，实际上，随

着球面曲率半径的增大，观测仪器工作时的孔径角就变小。球心位置的远离使观测仪器的工作状态由显微镜工作状态过渡到望远镜工作状态。因此，当曲率半径较大时，应采用带伸缩筒的自准直前置镜作为瞄准仪器。但与此同时，对顶点的瞄准可能发生困难（因为一般总不会将被测件置于很远处），可改用其它方法。

图 4.11 所示为自准直前置镜测量球面曲率半径示意图，由图可知：

$$-R = -x - f - d = -x - f - (a + \Delta)$$
$$= f' - x - a - \Delta \qquad (4-16)$$

其中：f' 为前置镜物镜焦距；x 为被测球面球心 C 至前置镜物镜前焦点的距离；a 为被测球面顶点至前置镜物镜顶点之间的距离；Δ 为前置镜物镜前表面顶点至前主平面的距离。当仪器选定后，就有

$$-R = f' - a + \frac{f'^2}{x'} \qquad (4-17)$$

其中，a、x' 为被测量。

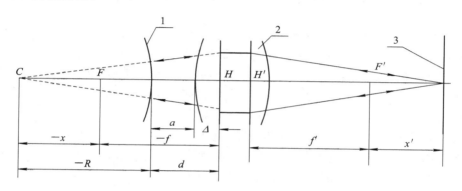

1—被测球面；2—前置镜物镜；3—自准直前置镜分划板

图 4.11　自准直前置镜测量球面曲率半径

用自准直前置镜法测曲率半径的步骤如下：

（1）选择前置镜，保证 $R > 20f'$，以确保成像 x 的质量。为了瞄准有限远的球心，必须选用带伸缩筒的自准直前置镜。前置镜物镜的工作孔径应大于被测球面的孔径，并适当选取前置镜的放大率，以便尽可能提高瞄准精度。

（2）用辅助标准平面反射镜，采用自准直法确定前置镜物镜焦点的位置，并读取数据 x_1，以便测量 x'。

（3）如图 4.11 安置被测球面，并用自准直前置镜瞄准球心 C，从而确定了 x' 的另一个端点，读数为 x_2，那么 $|x'| = |x_1 - x_2|$。

（4）测量 a，并将 a、x' 代入公式（4-16）中，即可求得 R 值。

二、精度及误差来源

1. 自准直显微镜法

相对标准偏差：$\pm 0.01\% \sim 0.1\%$；测量范围：凹面 2～1200 mm，凸面 2～25 mm 的抛

光面。

自准直显微镜法主要的测量误差由自准直显微镜的两次调焦误差 σ_{R1} 和标准量误差 σ_{R2} 决定，曲率半径的测量误差为

$$\sigma_R = \pm \sqrt{2\sigma_{R1}^2 + \sigma_{R2}^2} \qquad (4-18)$$

2. 自准直望远镜法

相对标准误差：$0.2\% \sim 10\%$；主要测量长曲率半径的抛光面，半径测量范围：几米到几百米。

自准直望远镜法主要的测量误差由自准直望远镜的纵向调焦误差 $\sigma_{x_1'}$ 和标准平面镜面形误差 $\sigma_{x_2'}$ 决定，x' 的测量误差为

$$\sigma_R = \pm \sqrt{\sigma_{x_1'}^2 + \sigma_{x_2'}^2} \qquad (4-19)$$

4.3　平面光学零件角度的测量

现代光电仪器中，除了大量使用球面光学元件外，也几乎无一不用平面组成的光学零件，例如各种棱镜、分划板、析光镜、滤光镜和保护镜等。这些平面光学零件，按设计要求都具有一定的角度，在产品加工过程或加工完毕后，都要对角度进行测量；有些零件则要求具有两个相互平行的工作面，但实际加工出的零件都具有一定的平行误差，也需要测量。

角度的绝对测量通常有两种方式：一是通过测量与被测角度有关联的"线量"间接计算出被测角度大小，如图 4.12 所示，分别测量出 h、b 之后，就可计算出 θ 角；二是将被测角度与角度标准量进行比较，而测得被测角度的大小。

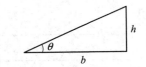

图 4.12　通过测量"线量"测量角度

在实际生产中，也经常采用比较测量法测量角度。它是通过将被测角度与相对标准量系统进行比较而实现测量的，此时测得的是被测角度与某一标准值（称为角度样板）的偏差。下面重点讨论几种测量方法。

4.3.1　测角仪法

利用精密测角仪测量角度，是通过组成棱镜角度的两个面的法线所夹的角与角度标准量（度盘）进行比较来间接实现棱镜角度测量的。

如图 4.13 所示，被测二面角的两个组成面的法线在垂直于棱边 A 的平面内夹角为 β，二面角 A 的平面角用 α 表示，则有

$$\alpha = 180° - \beta \qquad (4-20)$$

其中，$\beta = |\theta_2 - \theta_1|$，$\theta_1$、$\theta_2$ 分别是两法线位置 1、2 对应的度盘读数。但当度盘的零分度处于角 β 之间时，$\beta = 360° - |\theta_2 - \theta_1|$。

在上述测量中，角 β 与度盘比较时须满足如下条件：

（1）垂直于二面角 A 棱边的平面，应平行于度盘的示值平面，或者被测二面角的棱边平行于度盘的轴线。为满足这一条件，测角仪必须做使用前的调整（按第 2 章所述方法），然后调整被测二面角的棱边平行于仪器回转轴，方法如下：用自准直前置镜分别瞄准二面

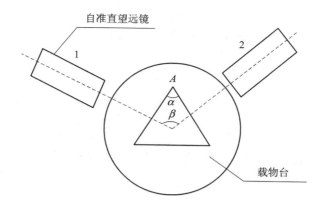

图 4.13　利用精密测角仪测量棱镜的角度

角的两个面,通过调整载物台的水平,直至不需调整载物台水平方位的情况下,自准直前置镜能分别瞄准二面角的两个面为止。

（2）β 的顶点必须在度盘的刻度中心。β 的顶点实际是仪器的回转轴。在度盘的制造和装配过程中,就应尽力保证这一条件。为克服由此带来的测量误差,常常采用双边读数法或符合读数法。为实现测量,只要保证自准直前置镜绕仪器回转轴对度盘做相对转动即可。

4.3.2　比较测量法

用比较测量法测量二面角,必须满足以下条件:
（1）应有一个彼此平行的面;
（2）棱边平行;
（3）在垂直于棱边的平面内观测。

被测角度和角度样板的另一面所构成的角度反映了两者之间的差异,这可方便地用自准直望远镜观测。因此,此时自准直望远镜是相对式标准量微标准量部分,而角度样板则是标准值部分。

用比较测角仪测量角度的原理如图 4.14 所示,分为两步:首先将标准棱镜（带有标准

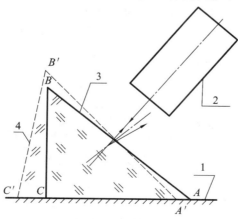

1—载物台;2—自准直望远镜;3—标准棱镜;4—被测棱镜

图 4.14　用比较测角仪测量棱镜角度偏差原理示意图

角度 A)放在载物台上，并用比较测角仪标定(通过自准直望远镜的瞄准进行)标准角度 A；然后移去标准棱镜，换上被测棱镜，保持自准直望远镜位置不变，并从中读取被测角度对标准角度的偏差值。

4.3.3 干涉法

利用测角仪法和比较测量法，受到标准量的精度限制(精密测角仪可达秒级，而比较测角仪分划值为几十秒)，因此当需要更高的测量精度时，上述两种方法就不能使用了，此时可用干涉法。下面以检验棱镜90°角的偏差为例来说明这种方法。

利用泰曼干涉仪测量棱镜90°角的偏差，可以达到 0.1 秒的精度，其装置示意图如图 4.15 所示。

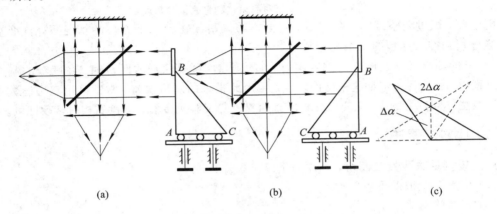

(a)　　　　　　　　　　(b)　　　　　　　　(c)

图 4.15　利用泰曼干涉仪测量棱镜90°角的偏差

具体方法是：如图(a)所示，将一个具有良好平行度的小平面反光镜胶在 90°角的一个面上，并将棱镜放在由三个钢珠支承的工作台上，工作台的台面可调水平。调整工作台，直到干涉场中出现均匀色(当 AB 面有一定曲率时，要求出现对称干涉图形)，这说明被测波面和参考波面平行。然后将被测棱镜调转180°，如图(b)所示，这时由于棱镜90°角有误差 $\Delta\alpha$，使得 AB 面及小反射镜的反射面对原来位置有倾角 $2\Delta\alpha$，参见图(c)。这样，在视场内可以看到等厚干涉条纹，这时被测波面和参考波面将夹有 $4\Delta\alpha$ 角度。

若在长度 b 范围内有 N 个条纹，则 $2\Delta\alpha b=\dfrac{\lambda}{2}N$，则

$$\Delta\alpha = \frac{N\lambda}{2b} \tag{4-21}$$

其中：λ 为工作光波波长；b 为干涉场上对应 N 个干涉条纹的长度。

4.4 平面光学零件平行度的测量

工作面由平面构成的光学零件称为平面光学零件，其种类繁多，应用十分广泛，如各种反射棱镜、多面体镜、玻璃平板以及光楔等。绝大多数平面光学零件的角度测量，可简化为光学平行度的测量问题，它属于小角度测量范畴，如反射棱镜的主要加工误差、某些大角度(如 30°、45°、60°等)的角度误差等，均可通过测量其等效玻璃平板的平行度求得。光学

· 108 ·

平行度是平面光学零件的主要检测项目，常用的检测方法是自准直法。

4.4.1 自准直法测玻璃平板光学平行度

自准直法是通过自准直望远镜接收由平板前后两个工作面反射回来的光线，并由它们的像（自准直像）的偏离程度来确定平板的平行度。这种方法只能测量透明玻璃平板光学平行度，其原理图如图 4.16 所示。

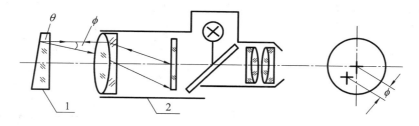

1—待测玻璃平板；2—自准直望远镜

图 4.16　自准直法测量光学平行度原理图

由自准直望远镜射出的平行光射向待测玻璃平板，由前后表面反射的两束光的夹角 ϕ 与玻璃平板平行度 θ 的关系为

$$\sin\phi = n\sin2\theta \tag{4-22}$$

做小角度近似后有

$$\theta = \frac{\phi}{2n} \tag{4-23}$$

式中：n 为待测玻璃平板的折射率；ϕ 为自准直望远镜中两自准像间的角距离。

通常自准直望远镜分划板上标注的角度值为实际角度值的一半，所以光学平行度 θ 应为

$$\theta = \frac{\phi}{n} \tag{4-24}$$

玻璃平板厚薄端的判别：在待测件后表面哈气，变模糊的像即为后表面反射像，该像所在的那端即为待测平板的厚端。

4.4.2 反射棱镜光学平行度的测量

理论上，所有反射棱镜均可展开成入射面与出射面严格平行的等效玻璃平板。如果棱镜存在角误差和棱差，则当光线垂直棱镜入射面入射时，光线在出射前对出射面法线的夹角，即为反射棱镜的光学平行度。该角在入射光轴截面内的分量称第一光学平行度 θ_1，它是由棱镜光轴截面内的角度误差引起的；在垂直光轴截面内的分量称第二光学平行度 θ_{II}，它是由棱差产生的。所以图 4.16 所示的检测原理同样适于反射棱镜的光学平行度的测量。为检测方便，应将自准直望远镜的两互相垂直的刻线，分别调到平行和垂直于棱镜入射光轴截面。

以上分析是对光轴截面为单一平面的棱镜而言的。若是复合棱镜，则应按各单棱镜考虑平行差 θ_1 与 θ_{II}，再依据所规定的入射光轴截面方向，将两者综合。下面介绍几种反射棱

镜的检测。

一、直角棱镜 $D_{\text{I}}-90°$的检测

如图 4.17 所示,将待测棱镜放在载物台上,使其入射光轴截面与载物台大致平行。调自准直望远镜和载物台,由自准直望远镜可看到两个自准像,它们分别由棱镜的 AC 与 BC 面自准回来。为便于读数,调整像①的竖线与刻尺的长竖线重合,像②的横线与长横线重合。$\varphi_{\text{I}}=n\theta_{\text{II}}$,$\varphi_{\text{II}}=n\theta_{\text{II}}$,则

$$\theta_{\text{I}}=\frac{\varphi_{\text{I}}}{n}, \theta_{\text{II}}=\frac{\varphi_{\text{II}}}{n} \qquad (4-25)$$

相应的棱镜误差为

$$\delta_{45°}=\theta_{\text{I}}=\frac{\varphi_{\text{I}}}{n}, \gamma_A=\frac{\varphi_{\text{II}}}{\sqrt{2}} \qquad (4-26)$$

式中:$\delta_{45°}$ 为棱镜的两外 45°角之差;γ_A 为棱镜两直角面构成的棱 C 与弦面间的夹角。

用哈气法确定 BC 面的自准像为②,由图 4.17 可知 $\angle A < \angle B$;棱镜大端垂直图面朝向读者。

二、直角棱镜 $D_{\text{II}}-180°$的检测

将待测棱镜按图 4.18 放置在载物台上。先调望远镜的高低手轮,如棱镜的 90°角有误差,可看到经 AC 与 BC 面偶次内全反射像②、③,该两像最亮,且不随棱镜在入射光轴截面内的摆动而移动。像①、④、⑤随着棱镜的摆动而进入视场,其中像④、⑤是光线经 AC 与 BC 面四次内全反射和 AB 面反射形成的五次反射像,故像最暗,且与 AB 面自准像①同步移动。因此,很容易区分视场中的五个像。

如图 4.18 所示,若 $\theta_{\text{II}}=0$,则五个像位于同一光轴截面内,并对称于像①排成一行;若 $\theta_{\text{I}}=0$,则像②、③重合,像④、⑤重合,并沿垂直于光轴截面方向排开;$\theta_{\text{I}}=\theta_{\text{II}}=0$,则五个像重合为一个像。

从棱镜展开图可知,其光学平行度应由像①与像④或像⑤的间距决定。依据 θ_{I} 与 90°角误差 $\Delta 90°$关系以及 θ_{II} 与 γ_A 间关系可得

$$\Delta 90°=\frac{\theta_{\text{I}}}{2}=\frac{\varphi_{\text{I}}}{2n}$$

$$\gamma_A=\frac{\theta_{\text{II}}}{2}=\frac{\varphi_{\text{II}}}{2n} \qquad (4-27)$$

$\Delta 90°$正负的判别:可在棱镜入射面 AB 与望远镜间用黑纸从右移入光路,如图 4.18 所示。若五次反射像中右边的像先消失,则 $\Delta 90°$为正;若左边的像先消失,则 $\Delta 90°$为负。

棱差方向判别:由于像②、③、④、⑤均在①上方,故棱镜大端是垂直于图面朝向读者。

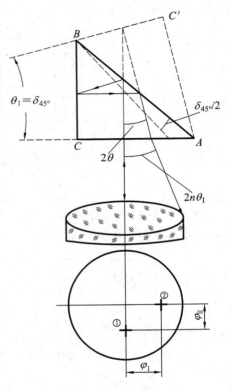

图 4.17 检测直角棱镜 $D_{\text{I}}-90°$

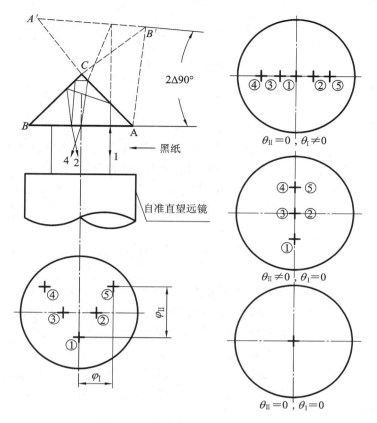

图 4.18　检测直角棱镜 D_{II} —180°

三、屋脊棱镜 D_{III} —45°的检测

施米特屋脊棱镜 D_{III} —45°，其两个底角为 67°30′，检测其角度误差的光路如图 4.19 所示。

若棱镜存在角度误差和棱差，在自准望远镜视场中将出现两个自准像，如还有屋脊角误差，则从 AC 面反射回来的像还要分成两个，故视场中共看到三个像。其中②、③的形成过程类似于检测直角棱镜 D_{II} —180°时视场中看到的④、⑤两像，只是②、③两像沿垂直于棱镜光轴截面方向排列，其间的角距离 s 称为双像差。

$$s = 4n\delta \cos\beta \qquad (4-28)$$

式中：β 为入射光轴与垂直屋脊棱镜的平面间的夹角；δ 为屋脊角误差。

为判别入射面 BC 反射的像①，对着棱镜 AC 面哈气，视场中亮度不变的那个像便是，并读得 $\varphi_I = n\theta_I$、$\varphi_{II} =$ $n\theta_{II}$ 和 s 值，其中 φ_{II} 应从像②、③的中间读起。相应的棱镜误差为

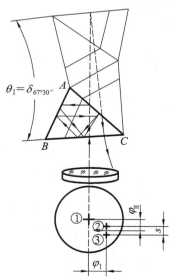

图 4.19　检测屋脊棱镜 D_{III} —45°

$$\delta_{67°30'} = \theta_{\mathrm{I}} = \frac{\varphi_{\mathrm{I}}}{n}$$

$$r_c = \frac{\theta_{\mathrm{II}}}{0.76} = \frac{\varphi_{\mathrm{II}}}{0.76n}$$

$$(4-29)$$

式中，$\delta_{67°30'}$ 为棱镜两底角 $\angle A$、$\angle B$ 之差。

由图 4.18 可知 $\angle A > \angle B$。

屋脊角误差 δ 的正负判别方法如下：

(1) 在棱镜入射面与望远物镜间，用黑纸沿垂直于承物台面方向往下移入光路，若双像中上面的像先消失，则 δ 为正；若下面的像先消失，则 δ 为负。

(2) 将自准望远镜的目镜外移，若看到双像②、③彼此靠近，则 δ 为正；若双像离开，则 δ 为负。

4.5 焦距和顶焦距的测量

焦距是确定光学系统物像关系的重要参量，由它可确定物体经光学系统所成像的位置、大小、正倒与虚实等特性。理想光学系统的焦平面是在近轴单色条件下定义的，而实用焦平面是指白光照明下无限远物体经透镜全孔成像最清晰的，并垂直于光轴的平面。本节所介绍的焦距和顶焦距都是对实用焦平面而言的。

由于主点和焦点均为空间无实体的点，显然焦距和顶焦距无法通过直接测量精确给出，通常是用与焦距相关的物像基本关系式，由测量相关量而求得。

常见的物像基本关系式如下：

(1) 牛顿公式(以焦点为起点的物像位置关系式)：

$$xx' = ff'$$

(2) 以焦点为起点，物像位置与横向放大率的关系式：

$$f' = -\frac{x'}{\beta} = x\beta$$

(3) 以主点为起点的物像位置关系式：

$$f' = \frac{ll'}{l - l'}$$

(4) 焦平面上像高 y' 与对主点张角 ω' 的关系式：

$$f' = \frac{y'}{\mathrm{tg}\omega'}$$

(5) 轴向平行光束高度 h 和对应孔径角 u' 的关系式：

$$f' = \frac{h}{\sin u'}$$

目前测量焦距的方法有几十种，其测量原理大部分基于上述关系式或其演变式。

焦距和顶焦距测量的相对标准偏差，一般由百分之几到千分之几，特殊情况下，要求万分之几。为了获得所要求的测量精度，测量时应注意以下几点：

(1) 平行光管、被测透镜和观测系统三者的光轴基本重合。

(2) 待测系统应尽可能处于实际工作状态。通过被测透镜的光束尽可能充满被测透镜的有效孔径，观测系统也尽可能不切割被测透镜的成像光束。

（3）平行光管焦距最好为被测透镜焦距的 2～5 倍。其焦面处的分划刻线应对称于光轴，最外一对刻线间距应在平行光管的带视场范围内。

（4）注意选用最佳的调焦方法，如测量时观测系统的出瞳大于或等于 2 mm，应以消视差法调焦来判定成像位置。

下面介绍几种常用的测量焦距方法。

4.5.1　精密测角法

精密测角法是根据关系式 $f' = y/\mathrm{tg}\omega$，通过测量被测透镜焦面上两刻线对其主点的张角来求焦距的。若被测透镜像质优良，该法测量焦距的相对标准偏差约万分之几。该法主要用于测量长焦距平行光管物镜的焦距。

一、测量原理

如图 4.20 所示，在被测透镜焦面处放置分划板 1，若间隔为 $2y$ 的分划对被测透镜主点的张角为 $2\widetilde{\omega}$，则被测透镜的焦距为

$$f' = \frac{y}{\mathrm{tg}\omega} \qquad\qquad (4-30)$$

刻线间隔 $2y$ 是预先给定的，只要测准 2ω 角，即可由上式计算被测透镜的焦距。

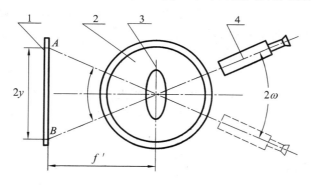

1—分划板；2—度盘；3—被测透镜；4—观测望远镜

图 4.20　精密测角法测焦距原理图

二、测量方法

本方法所用的测量仪器为精密测角仪或经纬仪，两者测角方法基本相同。下面简述用经纬仪测量焦距的方法，参看图 4.20。

（1）先以自准直法，将分划板精确地调到被测透镜的焦面上。在被测透镜前方调好经纬仪，并对分划 AB 调焦，使分划像清晰地成在经纬仪的望远镜分划面上。

（2）然后转动经纬仪，使望远镜的分划竖线对准分划 A 的像，读取度盘的第一次角度读数；再转动经纬仪，使望远镜的分划竖线对准分划 B 的像，读取度盘的第二次角度读数。两次读数之差即为所测角 2ω 值。

（3）将已知的 $2y$ 值与测得的 2ω 值代入式（4-30），即可求出被测透镜的焦距。

三、测量误差分析

将式（4-30）取对数再微分，可求得焦距的相对标准偏差为

$$\frac{\sigma_{f'}}{f'} = \pm\sqrt{\left(\frac{\sigma_y}{y}\right)^2 + \left(\frac{2}{\sin 2\omega}\right)\sigma_\omega^2} \tag{4-31}$$

为了减少轴外像差对测量结果的影响，通常 2ω 值不能取得过大，对长焦距被测物镜 2ω 以取 $1°$ 为宜。故计算误差时，可取 $\sin 2\omega \approx 2\omega$，则式（4-30）可简化为

$$\frac{\sigma_{f'}}{f'} = \pm\sqrt{\left(\frac{\sigma_y}{y}\right)^2 + \left(\frac{\sigma_\omega}{\omega}\right)^2} \tag{4-32}$$

若经纬仪的测角标准偏差 $\sigma_\omega = 1''$，分划间隔 AB 的测量标准偏差 $\sigma_y = 0.001\ \text{mm}$，当 $2\omega = 1°$，被测透镜像质优良且仪器调试准确时，$\dfrac{\sigma_{f'}}{f'} = 0.05\%$。可见该方法的测量精度是很高的。

4.5.2　放大率法

放大率法是目前最常用的方法，是通过测量置于平行光管焦平面上的物通过被测透镜所形成的像的大小来计算焦距的。该法所需设备简单，测量范围较大，测量标准偏差 $\sigma_{f'}/f' = 0.3\%$，而且操作简便，主要用于测量望远物镜、照相物镜和目镜的焦距和顶焦距，也可以用于生产中检测正、负透镜的焦距和顶焦距。

一、测量原理

如图 4.21 所示，设平行光管的焦平面上有线量 y，经平行光管物镜和被测透镜组成的系统成像在被测透镜的焦平面上，设其为 y'。容易得出

$$f' = \frac{y'}{y}f'_{\text{P}} \tag{4-33}$$

其中，f'_{P} 为平行光管物镜的焦距。

式（4-33）表明，被测透镜的焦距等于平行光管焦距乘以组合系统的横向放大率，因此称为放大率法。当 y、f'_{P} 已知时，只需测出 y'，即可求得 f'。

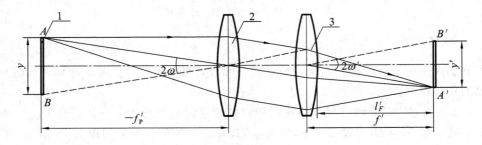

1—分划板；2—平行光管物镜；3—被测透镜

图 4.21　放大率法测正透镜焦距原理图

当被测透镜是负透镜时，只需将式(4-33)变为下式：

$$f' = \frac{y'}{y}(-f'_P) \qquad (4-34)$$

但是，此时应注意，由于像在被测透镜之前，因此，为了用显微镜观察这个像，显微镜物镜应有足够的工作距离，即其工作距离必须大于被测负透镜的像方顶焦距。

一般是选用带有测微目镜的测量显微镜测量的，此时，式(4-33)、式(4-34)应变为

$$f' = \frac{y''}{\beta y}f'_P \qquad (4-35)$$

$$f' = \frac{y''}{\beta y}(-f'_P) \qquad (4-36)$$

式中：β 为显微镜物镜的放大率；y'' 为 y' 经测量显微镜物镜放大的像。

为测顶焦距，需使显微镜先调焦到被测透镜表面顶点处，再调焦到透镜的焦面上。两次调焦中，显微镜的轴向移动距离即是顶焦距 l'_F 或 l_F。

二、测量方法

用放大率法检测透镜的焦距和顶焦距，可在光具座上完成，也可在专用焦距仪上进行。所用基本组件是平行光管、测量显微镜和透镜夹持器等。首先将被测透镜装到夹持器上，调夹持器使透镜光轴与平行光管的光轴基本共轴。用描图纸承接被测透镜焦面上所成的刻线像 y'，微调测量显微镜，使像 y'' 位于视场中部，且清晰无视差地成在测微目镜分划面处。测出 y'' 值，由式(4-35)或式(4-36)计算被测透镜的焦距 f'，式中 f'_P 与 β 应以实际标定值代入。记下此时测量显微镜的轴向位置读数，再将显微镜调焦到被测透镜后表面顶点处，又有一轴向位置读数，两读数之差即为后顶焦距 l'_F。用类似方法可测得前顶焦距 l_F。

三、测量误差

由式(4-35)，利用间接测量的误差传递公式，可得焦距测量的相对标准偏差为

$$\frac{\sigma_{f'}}{f'} = \pm\sqrt{\left(\frac{\sigma_y}{y}\right)^2 + \left(\frac{\sigma_{f'_P}}{f'_P}\right)^2 + \left(\frac{\sigma_{y''}}{y''}\right)^2 + \left(\frac{\sigma_\beta}{\beta}\right)^2} \qquad (4-37)$$

式中，$\sigma_{f'_P}$、σ_y、$\sigma_{y''}$ 和 σ_β 分别为 f'_P、y、y'' 和 β 的测量标准偏差。

通常测量装置可确保 $\sigma_{f'_P}/f'_P = 0.1\%$，$\sigma_y = 0.001$ mm，$\sigma_{y''} = 0.005$ mm，$\sigma_\beta/\beta = 0.05\%$。当被测透镜像质良好，且相对孔径不太小的情况下，焦距的测量标准偏差 $\sigma_{f'}/f' \leqslant 0.3\%$。

例：用 550 型焦距仪测一正透镜的焦距，测得 $y'' = 2.451$，若已知 $\beta = 1^\times$，$f'_P = 550.1$ mm，$y = 10.001$ mm，求 f' 和 $\sigma_{f'}/f'$。

解：由式(4-35)得

$$f' = \frac{2.451}{1 \times 10.001} \times 550.1 = 134.8 \text{ mm}$$

由式(4-37)得

$$\frac{\sigma_{f'}}{f'} = \sqrt{\left(\frac{1}{1000}\right)^2 + \left(\frac{1}{10.001}\right)^2 \times (0.001)^2 + \left(\frac{1}{2.451}\right)^2 \times (0.005)^2 + \left(\frac{5}{10000}\right)^2} = 0.23\%$$

则
$$3\sigma_{f'} = 3 \times 0.23\% f' = 0.9 \text{ mm}$$

焦距测量值为
$$f' = 134.8 \pm 0.9 \text{ mm}$$

为检测被测透镜全孔径工作时的焦距，除要求平行光管通光口径大于被测透镜孔径外，还要求测量显微镜的数值孔径 NA 大于或等于被测透镜的像方孔径角 $\sin u' \approx D/2f'$，这样做也保证了显微镜的调焦精度。测负透镜焦距时，为使显微镜有较长的工作距，其 NA 往往满足不了要求，相应调焦误差增大，故负透镜焦距测量误差一般大些，且测得的焦距常常接近它的近轴焦距。

测量顶焦距的误差包括显微镜的位置读数标准偏差和显微镜的两次调焦误差。显然正透镜测得的顶焦距应比负透镜的准确。对于同一正透镜，因后焦面像质好，故后顶焦距的测量标准偏差要小些。

4.5.3 附加透镜法

附加透镜法用于测量负透镜的焦距。其检测原理是将一已知焦距 f'_P 的正透镜与被测透镜组成一伽利略望远系统，通过测量望远系统放大率 Γ，即可求得被测负透镜的焦距 $f' = -f'_P/\Gamma$。其检测光路如图 4.22 所示。

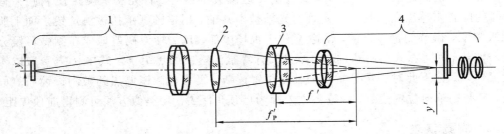

1—平行光管；2—正透镜；3—被测负透镜；4—前置镜

图 4.22 附加透镜法测量负透镜焦距原理示意图

为使附加正透镜与被测负透镜调成伽利略望远系统，先将测微目镜的前置镜直接对向平行光管，轴向微调测微目镜，使平行光管刻线像清晰无视差地成在测微目镜的分划面处，然后在光路中放入被测负透镜和附加正透镜，使其间距大致等于两焦距之差。在前置镜保持不动的情况下，轴向移动被测负透镜，使平行光管分划像再次清晰地成在测微目镜的分划面处，则正、负镜便准确地组成伽利略望远镜。

此时，用测微目镜测出平行光管一对刻线像的间距 y'_1；取下正、负透镜，再由测微目镜测得同一对刻线像间距 y'_2，则伽利略望远镜的视放大率
$$\Gamma = -\frac{f'_P}{f'} = \frac{y'_1}{y'_2} \tag{4-38}$$

则待测负透镜焦距
$$f' = -\frac{y'_2}{y'_1} f'_P \tag{4-39}$$

对上式全微分得焦距测量的相对标准偏差：

$$\frac{\sigma_{f'}}{f'} = \pm \sqrt{\left(\frac{\sigma'_{f'_P}}{f'_P}\right)^2 + \left(\frac{\sigma_{y'_1}}{y'_1}\right)^2 + \left(\frac{\sigma_{y'_2}}{y'_2}\right)^2} \tag{4-40}$$

其中 $\sigma_{y'_2}$ 约为 0.002 mm；考虑到组成伽利略望远镜像质不一定好，$\sigma_{y'_1}$ 取 0.005 mm。用放大倍率法测正透镜焦距时，$\sigma_{f'}/f' \approx 0.3\%$。可见测量焦距的主要误差来自正透镜焦距的测量误差。如改用精密测角法，$\sigma_{f'}/f' \leqslant 0.1\%$，则本方法的焦距测量误差与放大率法的基本相当。

4.5.4 附加接筒法

附加接筒法适于测量显微物镜焦距或其它短焦距的正透镜焦距。

一、测量原理

附加接筒法是通过附加接筒给出被测透镜两像面的准确位移量，由测量相应的共轭面上的两个横向放大率，求得被测透镜的焦距，如图 4.23 所示。将被测透镜拧到显微镜筒上，对目标物成像，在像距 l'_1 时测得透镜的垂轴放大率为 β_1；在被测透镜上加接长度为 e 的附加接筒，使像距变为 $l'_2 = l'_1 + e$，测得放大率为 β_2，则有

$$\beta_1 = \frac{-x'_1}{f'} = -\frac{l'_1 - f'}{f'}$$

$$\beta_2 = \frac{-x'_2}{f'} = -\frac{l'_1 + e - f'}{f'}$$

将上两式相减得

$$f' = \frac{e}{\beta_1 - \beta_2} \tag{4-41}$$

上式即为附加接筒法检测焦距的基本公式。由于被测透镜成倒像，故测得 β_1 和 β_2 均以负值代入式（4-41）。

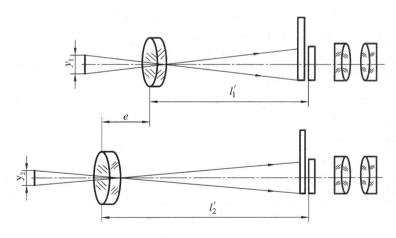

图 4-23 附加接筒法测量焦距原理图

二、测量方法

附加接筒法测透镜焦距的装置比较简单，只需一台带测微目镜的显微镜、已知长度的

附加接筒和一块格值为 0.01 mm、刻度范围为 1 mm 的玻璃刻尺。

测量时，先将被测透镜拧到显微镜的物镜筒上，通过对台面上的刻尺仔细调焦，使其刻线像清晰地成在测微目镜的分划面上，测得 y_1（刻尺上 n_1 格）对应的像 y_1'，求得垂轴放大率 $\beta_1 = y_1'/(n_1 \times 0.01)$。

然后，取下被测透镜，将长度为 e 的接筒装到显微镜筒上，再将被测透镜拧到接筒上，同样的可测得 y_2（刻尺上 n_2 格）对应的像 y_2'，则垂轴放大率 $\beta_2 = y_2'/(n_2 \times 0.01)$。

由式(4-41)得被测透镜的焦距

$$f' = \frac{0.01e}{\dfrac{y_2'}{n_2} - \dfrac{y_1'}{n_1}} \tag{4-42}$$

三、测量误差分析

附加接筒法测量焦距的相对标准偏差

$$\frac{\sigma_{f'}}{f'} = \pm \sqrt{\left(\frac{\sigma_e}{e}\right)^2 + \left(\frac{\sigma_{\beta_1}}{\beta_1 - \beta_2}\right)^2 + \left(\frac{\sigma_{\beta_2}}{\beta_1 - \beta_2}\right)^2} \tag{4-43}$$

其中，

$$\sigma_{\beta_1} = \pm \frac{1}{y_1^2}\sqrt{y_1^2\sigma_{y_1'}^2 + y_1'^2\sigma_{y_1}^2}, \quad \sigma_{\beta_2} = \pm \frac{1}{y_2^2}\sqrt{y_2^2\sigma_{y_2'}^2 + y_2'^2\sigma_{y_2}^2}$$

通常，$\sigma_y = 0.001$ mm，$\sigma_{y_1'} = \sigma_{y_2'} = 0.005$ mm，$\sigma_e = 0.01$ mm。

显然，焦距测量误差随着 y 的增大而减小，但像高 y' 受测微目镜测量范围（8 mm）限制，所以本法对低倍显微镜，其测量误差较小。

本 章 小 结

1. 光学零件工作面实际面形对理想面形（设计时要求的面形）的偏离称为面形偏差。球面光学零件面形偏差的检测方法主要有干涉法（玻璃样板法、干涉仪法）和阴影法。常用非球面光学零件面形偏差的检测方法主要有点测法、样板法、阴影法、检验二次回转曲面的干涉法、补偿法和全息干涉法等。

2. 球面光学零件曲率半径的测量方法（仪器）有机械法（钢珠式环形球径仪）和自准直法（自准直前置镜或显微镜）。

3. 平面光学零件角度的测量方法（仪器）有测角仪法（精密测角仪）、比较测量法（比较测角仪）及干涉法（泰曼干涉仪）。

4. 平面光学零件平行度的测量方法（仪器）主要是自准直法（自准直望远镜）。

5. 常用的焦距测量方法（仪器）有精密测角法（精密测角仪或经纬仪）、放大率法（平行光管）、附加透镜法（平行光管+前置镜）和附加接筒法（显微镜）。

思考题与习题

1. 什么是高、低光圈？用样板法检测面形偏差，区别高、低光圈的方式有哪些？

2. 一凸球面用环形球径仪进行测量,若测量环直径为 50 mm,钢球直径为 3 mm,测得球面矢高为 1.5 mm,则待测球面半径应为多少?

3. 欲加工一直径为 $\phi300$ mm 的平面镜,其平面度为 2 μm,现以直径 $\phi150$ mm 的平面干涉仪检测,问平面镜要达到多少光圈时才合格?

4. 简述用泰曼干涉仪测量 90°角偏差的方法(要求画出光路图)。

5. 利用斐索球面干涉仪检测面形偏差时,如何判别凸、凹面各带区曲率半径差值的符号?如何判别局部偏差?

6. 两成像质量良好的物镜,其焦距名义值分别为 $f_1'=140$ mm,$f_2'=-150$ mm。为使两焦距测量的相对标准误差 $\sigma_{f'}/f'\leqslant0.3\%$,问各应采用什么方法测量?并画出相应的检测光路图,写出焦距表达式。

7. 如何根据阴影图确定刀口切入位置及所对应的镜面带区(切入位置为该带区的曲率中心或焦点)。

8. 比较透射式和反射式检测面形,观察阴影图的异同点。

9. 光学球径仪(自准直显微镜系统)备有三支倍率分别为 $4^\times$、$10^\times$ 和 $40^\times$ 的显微物镜。现欲测曲率半径名义值 $R=30$ mm,口径 $D=20$ mm 的一对凸凹样板的半径值,问各应选哪支显微物镜进行检测?哪块样板的半径测量值更可靠些?为什么?

10. 用比较测角仪测 $D_{II}-180°$ 直角棱镜的光路及视场内像的分布如题图 4.1 所示。若黑屏垂直图面沿箭头方向挡光时,像⑤先消失,棱镜折射率为 $n=1.5$。问:

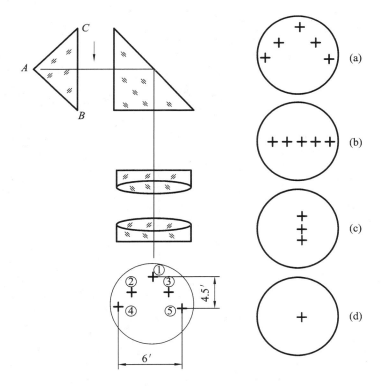

题图 4.1　直角棱镜 $D_{II}-180°$ 光学平行度

（1）如何区别五个像？

（2）求 θ_{I}、θ_{II} 及 $\delta_{90°}$。

（3）判别 $\angle A$ 误差的正负及棱镜的大端方向。

（4）若检测时视场出现图(a)、(b)、(c)、(d)所示的情况，应分别如何解释？

第5章　光学系统特性参数的测量

光学系统的特性参数一般是指焦距、孔径、视场、放大率等，对目视光学系统还有视差、视度等参数。当然，不同的光学系统为适应各自的需要而选用不同的参数来表征它们的特性。

本章重点介绍望远、显微和照相系统三类常用光学系统各自特性参数的测量原理及方法。其中有涉及焦距测量的，因与第4章中讲述的光学零件焦距的测量相同，这里不再重述。

教学目的

1. 掌握望远镜视度、视差及视放大倍率的概念。熟悉利用普通视度筒检测望远镜的视度、用平行光管法检测望远镜的视差和用倍率计检测其视放大率的方法。

2. 掌握显微镜视放大率和物镜数值孔径的概念。熟悉利用直接测量法或间接测量法检测其视放大率和用小孔光阑法检测其物镜数值孔径的方法。

3. 掌握照相物镜相对孔径和有效光阑指数的概念。熟悉用焦面点光源法、平行光管法检测其相对孔径和用像面照度比较法检测其有效光阑指数。

技能要求

1. 能够利用普通视度筒检测望远镜的视度；能够利用平行光管（带有视差公差带）批量检测望远镜的视差；能够利用倍率计检测其视放大倍率。

2. 能够利用测量显微物镜的横向放大率及目镜放大率的方法间接测量显微镜的视放大率；能够用小孔光阑测量显微镜物镜数值孔径。

3. 能够用焦面点光源法和平行光管法检测照相物镜的相对孔径；能够用像面照度比较法检测其有效光阑指数。

5.1　望远系统特性参数的测量

望远系统的光学特性参数具有代表性的主要有视度、视差及视放大倍率。这里就这三个参数的测量加以讨论。

5.1.1　望远系统视度的测量

一、望远系统视度的基本概念

目视光学仪器是供人眼观测使用的。为了适应不同视度的观测者使用需要，对目视光学仪器要求其出射光束能够调节。光学仪器的这种调节能力称为视度调节。

视度(SD)是指目视光学仪器出射光束的会聚或发散程度。视度可表示为

$$SD = \frac{1}{L}(m^{-1})\qquad\qquad(5-1)$$

式中，L 为眼点至仪器出射光束的顶点的距离，单位为 m。由此可知，若系统出射的是平行光束，则视度为零，适应正常眼的要求；若出射的是发散光束，如图 5.1(a)所示，像点位于眼点之前，视度为负值，满足近视眼需要；当出射光束会聚时，如图 5.1(b)所示，视度为正，满足远视眼需要。可见，视值的正负及大小清楚地描述了出射光束的结构特性。

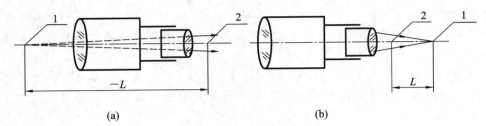

(a)   (b)

1—像点位置；2—眼点位置

图 5.1　望远镜系统出射光束

望远系统的视度调节通常是通过移动目镜的方法实现的。目镜的移动量即是其前焦点 F_e 相对物镜焦点 F_0' 的移动距离 Δ，其大小及符号决定了视度的大小与正负。

无限远目标经物镜后成像在后焦面处。若目镜的前焦点 F_e 与物镜焦点 F_0' 重合，则出射光束是平行光束；若目镜前移，如图 5.2 所示（Δ 为正），则物镜像经目镜成像在距目镜左方 $-L$ 处，即出射光是发散光束；反之，若目镜后移（Δ 为负），则出射光束是会聚光束。

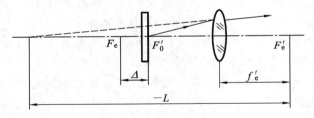

图 5.2　目镜视度调节

由牛顿公式有

$$L = -\frac{f_e'}{\Delta}\qquad\qquad(5-2)$$

将 L 换算成视度，得

$$SD = -\frac{1000\Delta}{f_e'^2}(m^{-1})\qquad\qquad(5-3)$$

对于无分划板的望远系统，也可以用移动物镜的方法来实现视度调节。物镜移动量 Δ 与望远系统视度间的关系同样由式(5-3)决定。

视度检验是指目镜视度分划调节到某示值时，检测其视度装定误差是否在规定的公差范围内。对于固定视度的仪器，其视度装定在 $-0.5 \sim -1$ 屈光度。

二、望远系统视度的测量方法

1. 普通视度筒检测

检测视度的仪器为视度筒，它是一个物镜可沿轴向移动的低倍望远系统，其结构示意图如图 5.3 所示。

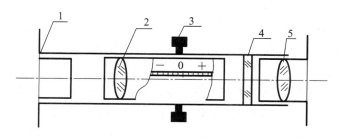

1—靠面；2—物镜；3—调节螺钉；4—分划板；5—目镜

图 5.3　普通视度筒结构示意图

普通视度筒检测原理如图 5.4 所示。

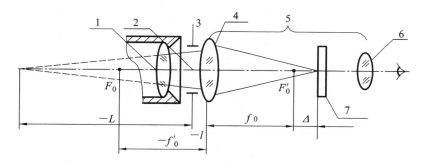

1—被测系统目镜；2—眼点；3—出瞳；4—物镜；5—视度筒；6—目镜；7—分划板

图 5.4　普通视度筒检测原理图

若待测系统的视度为 $SD=1000/L$，移动视度筒物镜，使经待测望远系统成的像再经视度筒物镜成在分划板上，这样人眼通过视度筒目镜可以同时清楚地看到物像和分划板。设视度筒物镜相对分划板移动距离为 Δ，视度物镜至待测望远系统眼点的距离为 l，则由牛顿公式可以得出

$$-(-L-l+f_0)\Delta=-f_0'^{\,2}$$

若 l 可略去不计，上式可写成

$$\Delta=-\frac{f_0'^{\,2}}{L+f_0'}=-\frac{f_0'^{\,2}}{\dfrac{1000}{SD}+f_0'} \tag{5-4}$$

式中，f_0' 为视度筒物镜的焦距。

根据式(5-4)可以刻制视度筒上的视度分划线。

测量时，调节视度筒目镜视度直至分划面最清楚。将待测系统的视度分划对到所要检测的标记处，并将待测系统放在平行光管和视度筒中间，视度筒物镜大致放在待测系统的出瞳处，调三者大致共轴，再轴向移动视度物镜，直到平行光管分划像与视度筒的分划清晰无视差地轴向重合，此时视度筒的读数与标记之差即为待测系统视度的装定误差。

视度测量误差主要取决于视度筒的调焦误差，即取决于视度筒的出瞳直径和放大倍率。而视度筒的入瞳等于待测系统的出瞳，故视度筒的放大倍率不宜过大。普通视度筒常选用 $4^\times$ 或 $6^\times$，其检测范围为 $\pm1.5\sim\pm2.5$ 屈光度。

2．大量程视度筒检测

当被测系统视度调节范围较大，超出普通视度筒测量范围时，可用大量程视度筒测量，测量范围达到 ±6 屈光度。

大量程视度筒是在普通视度筒前加一个视度透镜（已知光焦度），如图 5.5 所示。若视度透镜与待测系统的眼点 O（或出瞳）重合，B 是待测系统的像点，$OB=L$；B 经视度透镜成像为 B'，像距为 L'；B' 再经视度筒物镜的分划面上成像为 B''，设视度透镜的焦距为 f'_s，则由高斯公式得

$$\frac{1}{L} = \frac{1}{L'} - \frac{1}{f'_s}$$

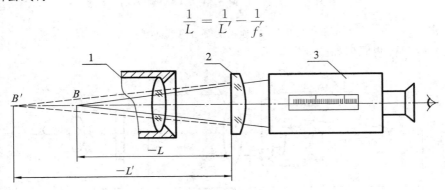

1—被测系统目镜；2—视度透镜；3—普通视度筒

图 5.5　大量程视度筒检测原理图

用视度表示为

$$SD = SD' - P \qquad\qquad (5-5)$$

式中：SD' 表示视度筒的视度读数；SD 表示待测系统的视度值；P 表示视度透镜的视度。

可见，只要视度透镜的视度与待测系统的视度符号相反，即可抵消部分待测系统的视度，使余下部分由视度筒测出。

例如：待测系统的视度分划标记为 -4.5 屈光度，可选"$+4$"屈光度的视度透镜，若视度筒的读数为 -0.3 屈光度，则

$$SD = -0.3 - 4.0 = -4.3(m^{-1})$$

这几种方法测量视度的误差主要来源仍然是视度筒的调焦误差。

5.1.2　望远系统视差的测量

一、望远系统视差的基本概念

无穷远物体经望远镜系统的物镜成像在后焦面上，若系统装有分划板，则分划面应位

于物镜后焦面上，如果由于安装误差，分划面没有准确地装在后焦平面位置，通过目镜观察时，物像和分划标记相对人眼不在同一深度的现象，就是望远镜系统的视差。

视差分为前视差（或短视差）和后视差（或长视差），分划面位在物镜焦平面和物镜之间为前视镜；分划面位在物镜焦平面之后为后视差。用有视差的系统进行测量和瞄准时会产生对准误差，望远系统视差通常有如下几种表示方法。

1. 视差角表示法

望远系统的视差可用视差角来表示，是由视差而引起的物方极限瞄准误差角。以视差角表示的原理如图 5.6 所示。当系统存在视差时，物像 O' 将成在距分划面为 b 的位置处，相应的物像 O' 相对分划的上下错动量为 AB，由此引起的物方视差角 ε 为

$$\varepsilon = \frac{AB}{f_0' + b} \approx \frac{AB}{f_0'} \tag{5-6}$$

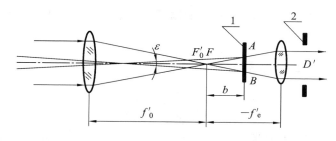

1—分划板；2—出瞳

图 5.6 以视差角表示视差的光路

由比例关系有

$$AB = \frac{D'b}{f_e'}$$

代入式(5-6)得

$$\varepsilon = \frac{bD'}{f_0' f_e'} \times 3438' \tag{5-7}$$

2. 以视度差表示

望远系统的视差还可用视度差来表示。视度差是指物像和分划在系统像方的视度之差，即以分划在系统的像方的视度 SD_k 和物像的视度 SD_0 之差表示：

$$\Delta SD = SD_k - SD_0$$

其视度差表示的原理如图 5.7 所示。当 F_0' 和 F_e 重合时，分划面到 F_0' 的距离为 b，则目镜后像距为

$$L' = -\frac{f_e'^2}{b}$$

$$SD_k' = -\frac{1000b}{f_e'^2} \tag{5-8}$$

因 F_0' 和 F_e 重合，故物像的视度 $SD_0 = 0$，

$$\Delta SD = SD_k - SD_0 = -\frac{1000}{f_e'^2} \tag{5-9}$$

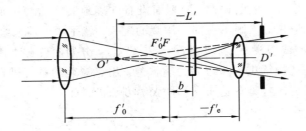

图 5.7　以视度差表示视差的光路

若 F_0' 和 F_e 不重合，式(5-9)依然成立。

视差角与视度差的关系是

$$\Delta\mathrm{SD} = \frac{-0.29\Gamma}{D'}\varepsilon \qquad (5-10)$$

所以，与视差的表示法相对应，视差的测量方法有两种，即视差角检测法和视度差检测法。

二、望远系统视差的测量方法

1. 平行光管法

平行光管法也叫视差角检测法或摆头法，其检测装置由平行光管、待测系统支座和底座组成。该仪器适于批量检测，其检测原理如图5.8所示。在平行光管的分划板上刻有视差公差带。若系统存在视差，人眼沿待测系统的出瞳面摆动时，可发现平行光管的分划像与待测系统的分划像相对错动，离人眼远的分划像与人眼同向移动，近的则与人眼反向移动。只要两个像最大错动量不超过公差带，则认为合格。

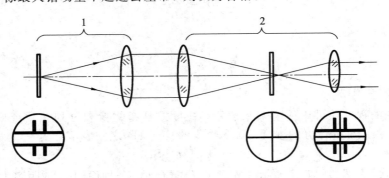

1—平行光管；2—待测系统

图 5.8　平行光管测量视差

平行光管分划面的视差公差带的间隔为

$$a = 0.0029 f_c'\varepsilon \qquad (5-11)$$

式中：ε 为待测系统允许的视差角，单位为分；f_c' 为平行光管物镜的焦距。

测量时，先调待测系统，使之与平行光管的光轴重合，然后人眼沿出瞳面摆动，检测待测系统的分划像相对平行光管分划像间最大错动量是否超差。

2. 视度筒测量法

视度筒测量法主要检测系统的视度差。由于望远镜系统的视差可用无穷远物点在系统像方的出射光束和中心分划在像方的出射光束的视度差表示，因此，利用前述测视度的方法测量二者的视度，求出其差值，即为视差。

3. 半透镜视差计测量法

用视度筒测量视度、视差时，精度主要取决于视度筒的调焦误差，为了提高调焦精度，设计了半透镜视差计，它采用了双光楔定焦法，比视度筒采用的清晰度法定焦精度高，因此测量精度比视度筒高。

5.1.3 望远系统视放大率的测量

一、望远系统视放大率的基本概念

望远系统视放大率的定义为：同一目标用望远镜观察时物像对人眼的张角正切（tgω'）与人眼直接观察时张角正切（tgω）之比，即

$$\Gamma = \frac{\text{tg}\omega'}{\text{tg}\omega} = -\frac{f'_0}{f'_e}\beta_z = \frac{D}{D'} \tag{5-12}$$

式中：f'_0 为望远系统物镜的焦距；f'_e 为望远系统目镜的焦距；β_z 为转像系统的垂轴放大率；D 为望远系统的入瞳直径；D' 为望远系统的出瞳直径。

由式(5-12)可知，欲测量望远系统的视放大率，可通过已知的入瞳直径测出瞳直径，或根据已知的物方视场角测像方视场角，也可通过测量焦距求得。

二、望远系统视放大率的测量方法

1. 用倍率计测量

倍率计是一个带有分划板的放大镜，其检测原理如图5.9所示。将已知直径为 a 的标准光阑套在待测望远系统的物镜框上。在待测系统的像方用倍率计测出该标准光阑的像尺寸 a'，由式(5-12)得出望远系统视放大率为

$$\Gamma = \frac{D}{D'} = \frac{a}{a'} \tag{5-13}$$

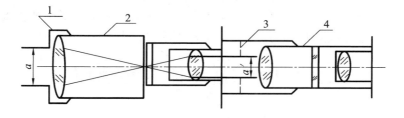

1—标准光阑；2—待测系统；3—标准光阑像；4—倍率计

图 5.9　用倍率计测量望远系统视放大率

测量前要调目镜视度，使人眼可清晰地看到分划线；再移动内管，使分划面与待测系

统的出瞳面重合，测得出瞳 a' 的大小。

标准光阑直径在入瞳范围内应尽量选择大一些，标准光阑面要垂直于系统光轴，其中心位于光轴上。此外，对目镜视度可调的望远镜，检测时视度应归零。

2. 用平行光管和前置镜测量

如果测出被测系统的物方视场角 ω 和像方视场角 ω'，则利用 $\Gamma=\mathrm{tg}\omega'/\mathrm{tg}\omega$ 可求出放大率。

检测光路如图 5.10 所示，若平行光管的分划间隔为 l，物镜焦距为 f_c'，则平行光管的视场角 2ω 可由 $\mathrm{tg}\omega=l/f_c'$ 求得。2ω 即为被测望远系统的物方视场角，经被测系统后，放大为 $2\omega'$，再用前置镜测出 ω' 值，则被测系统的视放大率 $\Gamma=\mathrm{tg}\omega'/\mathrm{tg}\omega$。

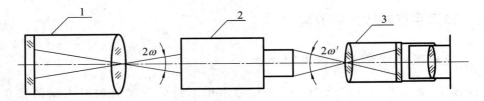

1—平行光管；2—被测系统；3—前置镜

图 5.10　用前置镜检测望远镜的放大率

检测时，先将被测系统视度归零，并置于平行光管与前置镜之间，调节三者共轴。由前置镜读得 ω'，即可求得被测系统的视放大率。

在对望远镜放大率进行批量检测时，前置镜的分划板可以刻成公差带，如图 5.11 所示。其上下偏差距离 $l_{\max}$、$l_{\min}$ 可分别按下式计算

$$l_{\max} = \frac{lf_{\mathrm{T}}'}{f_c'}\Gamma_{\max}$$

$$l_{\min} = \frac{lf_{\mathrm{T}}'}{f_c'}\Gamma_{\min}$$

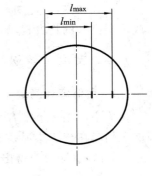

式中：f_{T}' 为前置镜物镜焦距；$\Gamma_{\max}$、$\Gamma_{\min}$ 分别为被测系统允许的最大、最小视放大倍率。

检测时，使平行光管的一刻线像与前置镜分划板上的单线重

图 5.11　公差带

合，如果平行光管的另一刻线像位于前置镜分划板双线间则为合格，否则超差。

另外，望远镜的视放大率还可用视场仪和经纬仪测量。视场仪提供被测望远系统的像方视场角，由经纬仪测得相应的物方视场角，即可求视放大率。

5.2　显微系统特性参数的测量

5.2.1　显微系统视放大率的测量

一、显微系统视放大率的基本概念

显微系统的放大率是指视放大率，表示人眼处于出瞳位置通过显微镜观察时，物体在

人眼视网膜上所成像的大小与人眼位于明视距离处直接观察同一物体时,在视网膜上所成像的大小之比。

在数值上显微系统的视放大率 Γ_M 等于显微镜物镜的横向放大率 β 与目镜的视放大率 Γ_e 的乘积,即

$$\Gamma_\mathrm{M} = \beta\Gamma_\mathrm{e} = \frac{y'}{y}\frac{250}{f'_\mathrm{e}} \tag{5-14}$$

由式(5-14)可知,只要分别测出物镜的横向放大率与目镜的视放大率,则可得到 Γ_M。

二、显微系统视放大率的测量方法

1. 间接测量法

1) 显微镜物镜横向放大率的测量

显微物镜的横向放大率是指经显微物镜所形成的像高 y' 与物高 y 之比 $\beta = \dfrac{y'}{y}$,因此,显微物镜的横向放大率可以用一标准刻尺(格值 0.01 mm)和一个测微目镜来检测。

测量前,先将带抽筒的显微镜按抽筒的刻度尺调到所要求的机械筒长,然后装上目镜和待测物镜,对标准刻尺调焦至像清晰,使刻尺位在实际的工作距离上,如图 5.12(a)所示。固定显微镜的工作距离,用测微目镜代替目镜,如图 5.12(b)所示,由于测微目镜的镜片与它靠面之间的距离与普通目镜不同,即机械筒长有变化,故要再调节抽筒,使刻尺线清晰地成像在测微目镜的分划板上。在测微目镜的视场中央选择一对距离为 y 的刻线对,

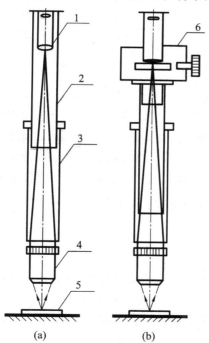

1—目镜;2—抽筒;3—镜筒;4—待测物镜;5—标准刻尺;6—测微目镜

图 5.12 物镜放大倍率测量装置

测出其像 y' 的大小，由 $\beta = \dfrac{y'}{y}$，就可算出物镜横向放大倍率。

2）显微镜目镜放大率的测量

由几何光学可知，目镜的视放大率公式为 $\Gamma_e = 250/f_e'$。因此，只要用测量焦距的方法测出 f_e'，即可确定目镜的视放大率，从而确定显微系统的放大率。焦距的测量在前面的章节已经讲述过了，这里就不再重述。

2. 直接测量法

显微系统的视放大率，也可以用前置镜直接进行测量，其测量光学原理图如图 5.13 所示。

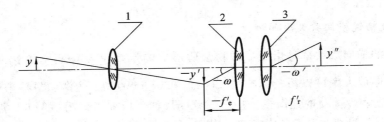

1—显微镜物镜；2—显微镜目镜；3—前置镜物镜

图 5.13 用前置镜测量放大率光学原理图

由图 5.13 得

$$\operatorname{tg}(-\omega') = \frac{y''}{f_T'} = \frac{-y'}{f_e'} = \frac{\beta y}{f_e'} = -\frac{y\Gamma_M}{250}$$

所以

$$\Gamma_M = \frac{-y''}{y} \frac{250}{f_T'} \tag{5-15}$$

式中：f_T' 为前置镜物镜的焦距；y'' 为前置镜分划板上测出的像高。因物高 y 和前置镜物镜焦距 f_T' 已知，故只要测出 y''，就可求得显微镜的放大率。具体方法是：用显微镜调焦一标准刻尺至成像清晰，保持相互位置不变，再由前置镜分划板测出 y' 的像 y''。测量前，必须使显微镜系统的目镜视度归零，并调前置镜的目镜视度，使分划刻线最清晰。

5.2.2 显微镜物镜数值孔径的测量

一、显微系统数值孔径基本概念

显微镜物镜数值孔径 NA 是指物方媒质折射率 n 和物方孔径角 u 的正弦之乘积，即

$$\text{NA} = n \sin u \tag{5-16}$$

显微镜物镜数值孔径 NA 决定了显微系统分辨率及像面照度。

二、显微镜物镜数值孔径的测量方法

1. 小孔光阑法

当 NA＜0.3 时，可用小孔光阑测量显微镜物镜数值孔径，其测量原理如图 5.14 所示。

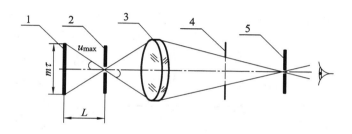

1—标准刻尺；2—小孔光阑；3—待测物镜；4—刻尺像；5—光阑像

图 5.14 小孔光阑测数值孔径

在待测显微镜的工作面上放一小孔光阑，其直径约为 0.5 mm；孔的中心大致与光轴重合。在离小孔光阑 L 处，垂直物镜光轴放一标准刻尺，这样刻尺成像在显微物镜像方焦点后不远的地方，而小孔光阑成像在物镜的像平面上。

测量时，调节显微镜，使小孔成像清晰，然后去掉目镜，人眼直接观察玻璃刻尺的像，并直接读出在显微镜线视场内的玻璃刻尺格数 m。若刻线格值为 τ，则由图 5.14 得

$$\mathrm{tg}u = \frac{m\tau}{2L} \tag{5-17}$$

刻度尺到小孔光阑的距离 L 是预先测出的，由上式可计算物方半孔径角 u，从而求出显微物镜的数值孔径。

2. 数值孔径计法

用数值孔径计测量数值孔径的原理如图 5.15 所示。数值孔径计的主要部件是一块 12 mm 厚的半圆玻璃柱体，沿直径的一面是与上表面成 45°的斜面，光线在斜面上全反射。上表面的圆心附近有一直径为 8 mm 左右的圆形镀铝面，铝面上有透光狭缝。沿圆周刻有两组数字，外圆刻度为数值孔径，内圆刻度示出相应的半孔径角，单位为度。半圆柱体装在金属底座上，其上有一个可以绕半圆玻璃柱体转动的金属框 3，框上靠近柱面处装有一块乳白色玻璃 4，其上刻有十字线。通过狭缝 5 可以看到反射的十字线像。金属框上还装有指示线标志，并可随十字线移动。测量时，以光照射的乳白玻璃上的十字线作为观察目标。

为了测量数值孔径，将待测显微物镜 2 与目镜 1 组成显微镜，使显微镜对狭缝进行调焦至清晰地看到狭缝像，乳白玻璃上的十字线被照亮后，经玻璃斜面 AB 的反射，透过狭缝被显微物镜成像。如图 5.15 中虚线所示，亮十字线相当于放在狭缝后一定距离上的目标。拿掉目镜后，人眼可在镜筒内看到一个大的亮斑（物镜的出瞳）和一个小的十字线像，如图 5.15(b)所示。

当十字线绕圆柱面转到位置 E 时，十字线发出的光线在狭缝处与零位的法线方向形成入射角 u_k，并以折射角 u 从狭缝射出。设玻璃折射率为 n_k，被测显微镜物空间的折射率为 n，则根据折射定律有

$$NA = n\sin u = n_k \sin u_k \tag{5-18}$$

当十字线像刚刚要移出显微镜的视场时，由半圆柱体的上表面外圈刻度读取的数值即是显微物镜的数值孔径值。

其实，不难看出，用数值孔径计测量与用小孔光阑测量数值孔径的原理相同，半圆柱

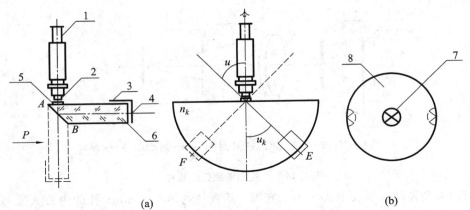

1—目镜；2—物镜；3—金属框；4—乳白玻璃；5—狭缝；6—半圆玻璃柱体；7—十字线；8—亮斑

图 5.15　数值孔径计

体上的狭缝作用相当于小孔光阑测量法中的小孔，而金属框上的十字线相当于小孔光阑测量法中的标准刻尺上的刻线。

　　测量时，为提高测量精度，可使十字线像分别对准显微物镜视场的两边缘，如图 5.15 (a)中的 E 和 F 的两个位置，两个 NA 读数的平均值即为待测物镜的数值孔径。

　　当 NA<0.4 时，可用小孔光阑代替目镜，以固定人眼位置，消除视差对读数的影响。当测量的数值孔径较大时，可在抽筒的另一端上装上辅助透镜，以与目镜组成辅助显微镜，并使其在主镜筒内移动，进行对准测量。值得注意的是，在抽筒移动时，不得改变显微物镜原有的调焦位置。

5.3　照相物镜特性参数的测量

5.3.1　照相物镜相对孔径的测量

　　照相物镜的作用是将景物成像在感光片或感光元件上。使用时的一个重要问题是控制底片上或感光元件上的曝光量。曝光量 H 是指像面上的照度 E' 与曝光时间 t 的乘积，即 $H=E't$。照相物镜拍摄无限远目标时的像面照度为

$$E' = \frac{\pi}{4}\tau B\left(\frac{D}{f'}\right)^2 \tag{5-19}$$

式中：τ 为照相物镜的透射比；B 为物面亮度；$\dfrac{D}{f'}$ 为照相物镜的相对孔径。可见视场中心像面照度与相对孔径平方成正比。光阑指数（或称光圈数）$F=f'/D$，则式(5-19)为

$$E' = \frac{\pi\tau B}{4F^2} \tag{5-20}$$

　　可见，只要改变 F 值就可改变像面照度，从而控制曝光量。一般照相物镜中都设有专门的孔径光阑，它限制进入物镜的光通量，改变入瞳直径 D，从而达到调节 F 值的目的。在可变光阑的调节环上刻有 F 数。根据国家标准，F 数符合下列标准系列：1，1.4，2，2.8，4，5.6，8，11，16，22，32。这个系列是以 $\sqrt{2}$ 为公比的等比级数。由式(5-20)可知，

光阑按上述系列改变一挡，像面照度改变一倍。当然，在改变 F 数时，同时也会在很大程度上影响到物镜的分辨率和光学传递函数。

测量照相物镜相对孔径，即测量其入瞳直径 D 和焦距 f' 值。焦距的测量已在第 4 章中讲述，所以，此处相对孔径的测量实际上就是入瞳直径的测量。入瞳直径测量的方法有如下几种。

一、焦面点光源法

焦面点光源法测量原理如图 5.16 所示，图中 P 为孔径光阑，P 经待测物镜前方系统所成像 P' 即为入瞳直径。在待测物镜像方焦面处放一小孔光阑 3，并通过光源与聚光镜照明该小孔，以形成点光源。照明光束的孔径角 u' 应足够大，以保证光束充满孔径光阑口径。在物镜射出的平行光束中垂轴放置毛玻璃，即可拦得一投影亮斑，其大小等于入瞳直径。

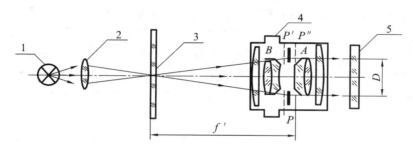

1—光源；2—聚光镜；3—小孔光阑；4—待测物镜；5—毛玻璃

图 5.16　焦面点光源法测量入瞳直径

为了使毛玻璃上的亮斑边界清晰，光阑的小孔应足够小，一般小孔直径不应大于 $f'/50$，否则点光源发出的光经物镜后与光轴的平行性差，引起较大的测量误差。同时，还必须保证小孔准确置于物镜焦点处。判断小孔是否位于物镜焦点处的方法：将毛玻璃沿光轴离开物镜方向移动，观察毛玻璃上的亮斑，如果亮斑越来越大，说明小孔位在焦内；反之，如果亮斑渐渐变小，说明小孔位在焦外。当发现亮斑有垂轴方向移动，说明小孔不在光轴上，只有当光斑大小无变化，垂轴方向无移动时，才表明小孔位于焦点处。

二、平行光管法

平行光管法测量原理如图 5.17 所示，在待测物镜的物方放一平行光管，平行光管发出

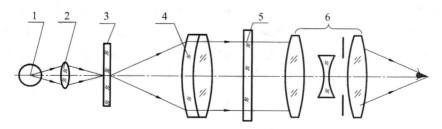

1—光源；2—聚光镜；3—小孔光阑；4—平行光管物镜；5—刻尺；6—待测物镜

图 5.17　平行光管法测量入瞳直径

的平行光经待测物镜会聚在像方焦点处。在平行光管和物镜之间放一玻璃尺，其格值为
0.5 mm。眼睛位于物镜像方焦点附近观察刻尺，读出刻尺被照亮部分的尺寸，即为入瞳
直径。

三、显微镜测量法

除了上述两种方法以外，还可用显微镜来测量入瞳直径。将待测物镜放在测量显微镜
的载物台上，下面用漫反射光照明。显微镜对光阑像调焦，测量显微镜的十字线先后对准
入瞳的左右边缘，并进行读数，先后两次读数之差即为入瞳直径。为了提高测量精度，可
沿不同方向测量入瞳直径，然后取平均值。

5.3.2　照相物镜有效光阑指数的测量

过去，我国的大多数照相物镜都采用 F 制光圈，这种标定是以物镜的几何特征为基础
的，并不涉及物镜的透光特性。在式(5-20)中，光阑指数 F 与透射比 τ 是彼此独立的两个
变量。对于同一亮度 B 的物体进行拍照时，即使物镜 F 固定不变，只要透射比不同，则感
光元件的曝光量还是相差很大，这种曝光效果的差别往往会给使用带来不便。为此，采用
有效光阑指数 T（即 T 制光圈），其刻度一律按物镜像面照度值进行标定。T 值与 F、τ 间的
关系为

$$T = \frac{F}{\sqrt{\tau}} \tag{5-21}$$

于是式(5-20)就改写为

$$E' = \frac{\pi B}{4T^2} \tag{5-22}$$

由式(5-22)可知，对照度为 B 的同一物体进行拍照时，只要采用 T 值相同的物镜，即可
得到同一像面照度 E' 值。这对摄影及洗印工作是很方便的，故采用 T 值光圈的物镜日益增
多，国外已普遍采用。为方便起见，常用像面照度比较法测量有效光阑指数，该法是用一
个开孔直径为 D_0 的光阑模拟一个透过率为 100% 且有效光阑指数为 T_1 的照相物镜，测量
在像面上的照度，并与待测照相物镜像面上所测量到的照度相比较，从而求出照相物镜的
有效光阑指数 T 值。其测量原理如图 5.18 所示。

用一个亮度稳定均匀的漫反射面光源 1，在待测物镜焦平面处放一视场光阑 3，其后置
一硒光电池，如图 5.18(b)所示，由于直径为 10 mm 的视场光阑位于视场中心，所以硒光
电池受光照引起的光电流 m_2 与视场中心的照度 E_2 成正比。然后去掉待测物镜，换上孔径
为 D_0 的标准光阑 2，它与视场光阑的距离为 L。光源、视场光阑、硒光电池保持原状，如图
如图 5.18(a)所示，此时硒光电池受光照引起的光电流 m_1 与照度 E_1 成正比。放置待测物镜
时为实测，去掉待测物镜时为空测，实测与空测时的像面照度分别为

$$E_2 = \frac{\pi B}{4T^2} \tag{5-23}$$

$$E_1 = \pi B \sin^2 U'_{\max} \tag{5-24}$$

式中：B 为光源亮度；$U'_{\max}$ 为像面中心（硒光电池中心）对标准光阑的张角。

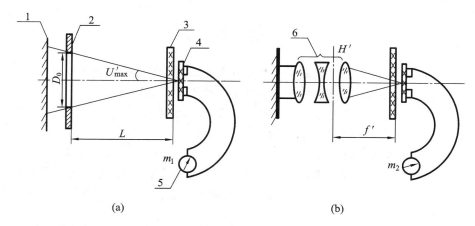

1—漫反射光源；2—标准光阑；3—视场光阑；4—硒光电池；5—检流计；6—待测物镜

图 5-18 有效光阑指数测量装置

由图 5.18(a)得

$$\mathrm{tg}U'_{\max} = \frac{D_0}{2L}$$

所以

$$\sin U'_{\max} = \frac{1}{\sqrt{1 + \dfrac{4L^2}{D_0^2}}}$$

则有

$$E_1 = \frac{\pi B}{1 + \dfrac{4L^2}{D_0^2}} \tag{5-25}$$

由式(5-23)、式(5-25)，考虑到实测和空测时光源亮度相同，所以

$$\frac{E_1}{E_2} = \frac{4T^2}{1 + \dfrac{4L^2}{D_0^2}} \tag{5-26}$$

再考虑到 $\dfrac{E_1}{E_2} = \dfrac{m_1}{m_2}$，则得到

$$T = T_1 \sqrt{\frac{m_1}{m_2}} \tag{5-27}$$

其中，

$$T_1 = \frac{1}{2}\sqrt{1 + \frac{4L^2}{D_0^2}} \tag{5-28}$$

T_1 为仪器常数，所以只要测出空测和实测时的光电流 m_1 和 m_2，利用式(5-27)即可得到物镜的有效光阑指数 T 值。

利用这种方法，不仅可测量成品物镜 T 值光圈的刻线是否准确，也可在生产过程中，为尚未刻线的 T 值光圈调节环确定刻线位置。T 值光圈按国际标准规定允差为 ±5%（见 ANSI PH2290-964）。

本 章 小 结

1. 望远系统具有代表性的光学特性参数主要有视度、视差及视放大倍率。

2. 望远系统视度测量的方法有普通视度筒法和大量程视度筒法。

3. 望远系统视差的表示方法有视差角表示法和视度差表示法，测量的方法有平行光管法、视度筒测量法和半透镜视差计测量法。

4. 望远系统视放大率的测量方法有倍率计法和平行光管加前置镜法。

5. 显微系统的放大率是指视放大率，表示人眼处于出瞳位置通过显微镜观察时物体在人眼视网膜上所成像的大小，与人眼位于明视距离处直接观察同一物体时在视网膜上所成像的大小之比。

6. 显微系统视放大率的测量方法：间接测量法和直接测量法。

7. 显微镜物镜数值孔径的测量方法：小孔光阑法和数值孔径计法。

8. 测量照相物镜相对孔径的方法：焦面点光源法、平行光管法和显微镜测量法。

9. 对照度为 B 的同一物体进行拍照时，只要采用 T 值（有效光阑指数）相同的物镜，即可得到同一像面照度 E' 值。

10. 常用像面照度比较法测量照相物镜的有效光阑指数。

思考题与习题

1. 在调视度筒的视度时，如视场中没有无限远目标的像做参考，而只以人眼看清视度筒的分划为调好，这样做行吗？为什么？

2. 在检测望远镜的视度过程中，经常采用清晰度法还是消视差法？为什么？

3. 对 $f'=550$ mm、$D/f'=1/10$ 的平行光管进行调校，若分划面的位置装定误差 $b=0.1$ mm，问平行光管的相应视差角是多少？

4. 测量高倍显微镜数值孔值时，为什么要用辅助物镜？

5. 一目镜视度可调的 $6^\times$ 倍望远镜，若目镜的焦距 $f'_e=30$ mm，问目镜应如何调节，才能适应 -300 度（-3 屈光度）近视眼的观察需要？

6. 某 $8^\times$ 倍的瞄准镜，其物镜焦距 $f'_0=200$ mm，口径 $D_0=32$ mm，若允许的视差角 $\varepsilon=2'$，求相应的视度视差为多少？

7. 三种典型光学系统的孔径分别是如何表示的？

8. 视度筒物镜焦距 $f'=80.05$ mm，可检的最大视度范围为 ±2.5 屈光度，问视度筒上视度分划的刻线范围有多长？

9. 对于视度固定的望远系统，为什么零视度装定公差定为 $-0.5\sim-1$ 屈光度？

10. 对于目镜视度可调的望远系统，为什么出瞳直径大的系统视度装定公差要求要严些？

第6章 光学系统光度特性的测量

光学系统除了第 5 章介绍的基本特性参数外，还有一些影响成像质量的指标，如光学系统像面上的照度、照度分布、杂光、透射比、成像光束的能量等。本章仅叙述光学系统的透射比、杂光系数、照相物镜像面照度均匀度和渐晕系数的测量原理及方法。

教学目的

1. 掌握光学系统透射比的概念。

2. 掌握望远系统透射比的测量方法——附加透镜法和积分球法。

3. 掌握照相物镜轴上点和轴外点透射比的测量方法。

4. 了解光学仪器产生杂光的主要原因。

5. 掌握用面源法测量杂光系数的原理和方法；了解用点源法测量杂光系数的原理。

6. 掌握用连接筒和小孔光阑测量照相物镜渐晕系数的方法。

7. 掌握用光电法和照相法测量照相物镜像面照度均匀度。

技能要求

1. 能够用积分球法测量望远系统的透射比。

2. 能够用积分球和可变光阑测量照相物镜轴上点和轴外点透射比。

3. 能够用积分球上的黑体目标和亮背景发生器，以及光电检测器测量光学仪器的杂光系数。

4. 能够用连接筒和小孔光阑测量照相物镜的渐晕系数。

5. 能够用光电法和照相法测量照相物镜的像面照度均匀度。

6.1 光学系统透射比的测量

6.1.1 透射比概述

光学系统透射比反映了光能量经过光学系统后的损失程度。对目视观察仪器，透射比低，意味着使用这种仪器观察时主观亮度降低。如果对某些波长的光谱透射比低，观察时视场会产生不应有的带色现象，例如所谓的"泛黄"现象就是对波长较短的光透射比较低。对于照相物镜透射比低，使像面照度降低，照相时应相应增加曝光时间。当彩色照相时，如果照相物镜对各种波长的透射比差别较大，将影响彩色还原效果。可见，光学系统透射比的下降一定程度地影响像质。

光学系统透射比是系统出射的光通量 $\phi'(\lambda)$ 与入射光通量 $\phi(\lambda)$ 的比值，常用符号 τ 表示，并以百分数给出。光学系统透射比的降低是由于光学零件表面的反射和光学材料内部的吸收等原因造成的，由于表面反射率和内部吸收率均与入射波长有关，所以光学系统的透射比也是波长的函数。随入射波长而变的透射比称为光谱透射比，即

$$\tau(\lambda) = \frac{\phi'(\lambda)}{\phi(\lambda)} \times 100\% \tag{6-1}$$

在一般情况下为简化测量，常常用规定色温下的白光作光源进行测量。如果规定色温的光源相对光谱通量（功率）分布函数为 $S(\lambda)$，人眼的光谱光视效率为 $V(\lambda)$，被测系统的光谱透射比为 $\tau(\lambda)$，则进入光学系统的总光通量为

$$\phi = K \int_{\lambda_1}^{\lambda_2} S(\lambda) V(\lambda) \mathrm{d}\lambda \tag{6-2}$$

同样，射出光学系统的光通量为

$$\phi' = K \int_{\lambda_1}^{\lambda_2} S(\lambda) \tau(\lambda) V(\lambda) \mathrm{d}\lambda \tag{6-3}$$

则光学系统的目视透射比，即白光透射比为

$$\tau = \frac{\phi'}{\phi} = \frac{\int_{\lambda_1}^{\lambda_2} S(\lambda) \tau(\lambda) V(\lambda) \mathrm{d}\lambda}{\int_{\lambda_1}^{\lambda_2} S(\lambda) V(\lambda) \mathrm{d}\lambda} \tag{6-4}$$

其中，$\lambda_1 \sim \lambda_2$ 为可见光波长范围。通常将式(6-4)给出的透射比称为光学系统的积分透射比或白光透射比 τ。从式(6-4)可看出，只要统一规定光源的色温，即规定光源的相对光谱能量分布，分别测量进入和射出系统的光通量，就可得到白光透射比，利用白光透射比这单一指标对各类光学系统透射比进行比较，进行评价。

关于测量时所用光源色温的规定，应该使光源辐射光的相对光谱能量分布和成像时光辐射的相对光谱能量分布相一致。例如，对于白天使用的望远镜，测量时所用的光源应与白天平均照明光的相对光谱能量分布相同。当测量要求不高时，采用普通钨丝白炽灯作光源也是可以的。

6.1.2 望远系统透射比的测量

望远系统视场小，一般只测轴上透射比。测量装置主要由光源和接收器两部分组成。光源用来供给进入被测系统的光能，接收器用来测量进入系统前的光通量 ϕ（简称空测）和通过系统后的光通量 ϕ'（简称实测）。光源部分一般采用点光源平行光管，供给系统轴上光束，接收器部分根据测量需要采用附加透加镜式光电接收器或积分球式光电接收器。下面分别介绍用这两种接收器测量透射比的原理及方法。

一、附加透镜法

附加透镜法的测量原理如图 6.1 所示，光源部分为一点光源平行光管，平行光管中小孔光阑 3（直径为 1 mm）位于物镜 4 焦平面上，聚光镜 2 使灯丝成像在小孔光阑上，利用灯泡 1 的调节，使灯丝像成在小孔位置，套在物镜上的光阑 5 用来保证空测和实测时有相同的光通量入射，口径略小于被测系统的入瞳直径 D，一般取 $(0.7 \sim 0.9)D$；光电接收器由与人眼光谱特性相近的硒光电池 7、毛玻璃（图中未画）和检流计 8 组成，光电池可上下左右调节，对准毛玻璃上的光斑，毛玻璃用来检验空测和实测时的光斑大小是否相同，并且是否落在硒光电池的相同部位。为了衡量光斑大小，在毛玻璃上刻有两个直径为 $\phi 25$ mm 和 $\phi 30$ mm 的同心圆，外环为参考之用，内环为硒光电池工作部位。

测量时，利用硒光电池产生的光电流与光照度成正比关系，用检流计分别测出对应 ϕ

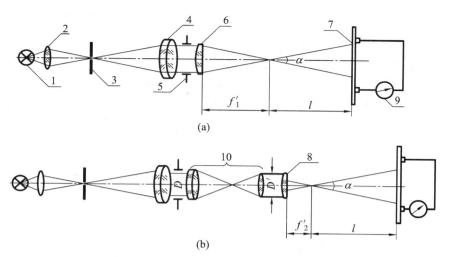

1—光源；2—聚光镜；3—小孔光阑；4—平行光管物镜；5—光阑；
6—附加透镜1；7—光电池；8—附加透镜2；9—检流计；10—被测系统

图 6.1　附加透镜法测量透射比

和 ϕ' 的光电流 m_1 和 m_2，于是透射比可按下式计算：

$$\tau = \frac{m_2}{m_1} \times 100\% \tag{6-5}$$

附加透镜的作用是保证空测和实测时照在光电池上的光斑大小和光束结构相同。如果不用附加透镜，因被测系统视放大率 Γ 的影响，使空测时光斑大小为实测时光斑的 Γ 倍，这不符合接收器的要求。为了使光电池受照条件空测和实测时一致，在空测和实测时应分别加一个会聚透镜 6 和 8。要满足空测和实测出射的光束结构相同，必须保证这两种情况下从附加透镜出射的光束夹角相等，并保证小孔光阑的像到接收器的距离在空测和实测时相等，则满足了屏上光斑大小相等，由图可知：

$$\text{tg}\,\frac{\alpha}{2} = \frac{D/2}{f_1'} = \frac{D'/2}{f_2'} \tag{6-6}$$

得到附加透镜 6 和 8 的焦距关系为

$$f_1' = \Gamma f_2' \tag{6-7}$$

其中，$\Gamma = D/D'$，为被测系统的放大倍率。

为尽量减少附加透镜对测量结果的影响，应将附加的会聚透镜 6 和 8 用同一种玻璃制造，并且透镜厚度尽量相等。

二、积分球法

积分球法的原理与附加透镜法的相同，其不同之处在于接收器部分。这种方法以积分球作为接收器，省去了附加透镜装置，原理如图 6.2 所示。使用积分球是使硒光电池所有外露表面受到均匀的光照。

这种方法操作方便，空测和实测时只要使被测系统的轴向光束全部进入积分球的小孔，根据空测和实测的光电流值，由式(6-5)即可求被测系统的透射比。

此种方法测量精度高，操作方便，对不同系统通用性强。

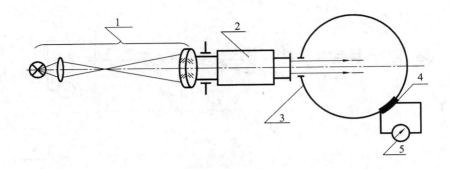

1—点光源平行光管；2—被测系统；3—积分球；4—硒光电池；5—检流计

图 6.2 积分球法测量透射比

6.1.3 照相物镜透射比的测量

一、照相物镜轴上点透射比的测量

图 6.3 所示为测量照相物镜轴上点透射比的光路图。空测时，可变光阑 4 的口径应小到保证使全部光束进入积分球，积分球尽量靠近可变光阑，如图 6.3(b)所示。实测时，积分球应放置到被测物镜之后的会聚光中，如图 6.3(a)所示，并注意调节积分球位置，使投

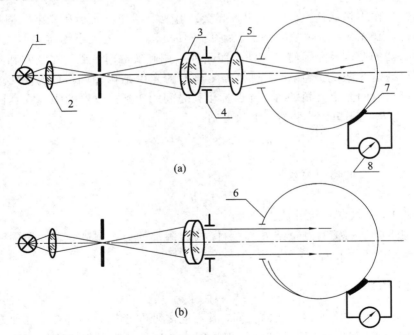

1—光源；2—聚光镜；3—平行光管物镜；4—可变光阑；
5—被测物镜；6—积分球；7—光电池；8—检流计

图 6.3 照相物镜透射比的测量

射到积分球内壁上的光斑直径和位置与空测时的相近。在被测物镜像面处加视场光阑，以限制被测物镜产生的杂光进入积分球。空测与实测时，从检流计上分别读得 m_1 和 m_2，则求得透射比为

$$\tau = \frac{m_2}{m_1} \times 100\% \qquad (6-8)$$

如果测量白光透射比，则光电元件的光谱特性曲线应通过修正滤光片校正到与被测物镜所用的感光底片光谱特性曲线基本一致。如果测量光谱透射比，则需按一定波长间隔逐点测量不同波长下的透射比，从而得到规定波长范围内的光谱透射比特性曲线。

对物距为有限远的物镜，如投影物镜、制版物镜等，测量光路应作相应的安排，如图6.4所示。

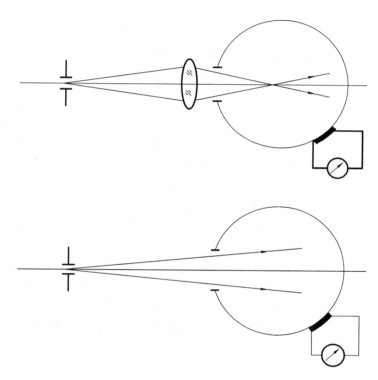

图 6.4　有限物距物镜透射比的测量

二、照相物镜轴外点透射比的测量

照相物镜的透射比通常是指轴上透射比，但对于某些广角照相物镜，需要研究透射比随视场的变化情况，所以需要测量规定视场角下的光谱透射比。测量光路如图 6.5 所示。被测物镜绕通过入瞳中心的轴转到相应的视场角，应使光束的中心与入射光瞳中心大致重合，并保证光束在不被切割的情况下通过被测物镜。积分球应正对被测物镜的出射光束。测量照相物镜的透射比时，光源色温应符合 CIE 标准照明体 D_{35} 的要求，并加入修正滤光片，将光电探测器的光谱灵敏度曲线校正到与感光胶片或感光器件的光谱灵敏度曲线基本一致。

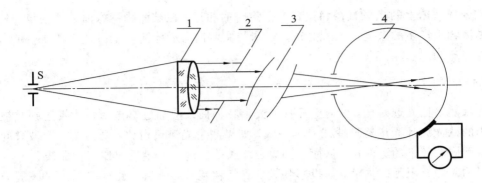

1—准直物镜；2—可变光阑；3—被测照相物镜；4—积分球

图 6.5　测量照相物镜轴外点透射比的光路

6.1.4　照相物镜透射比测量的条件和注意事项

无论是测量白光透射比还是光谱透射比，其测量值均与检测条件有关，如光源色温、测量光束口径、积分球直径、角度的变化、单色仪的单色性及波长间隔的选取等等。为了统一测量标准，国际标准化组织(ISO/TC42)对照相物镜的光谱透射比测量条件做了以下几条规定：

(1) 单色仪出射狭缝高度必须小于平行光管物镜焦距的 1/30；对于物距为有限远工作的照相物镜，位于物平面的单色仪出射狭缝高度应小于物距(物镜前节点至物面距离)的 1/30；出射光束的半宽度应小于 10 nm。如果使用窄带滤光片，则在被测物镜每 nm 透射变化量小于 0.2% 的波长范围内，半宽度选为 20 nm 即可。

(2) 测量光束直径应等于待测照相物镜入瞳直径的一半，并应位于入瞳的中心区域。当被测物镜光圈可调时，应将光圈开至最大位置时进行测量。

(3) 对于普通照相物镜，检测光谱透射比的波长范围建议取 360～700 nm。检测时，波长间隔的选取原则是：当每 nm 的透射比变化量大于 0.2% 时，波长间隔取 20 nm，否则波长间隔取 40 nm。由于在 360～460 nm 范围内透射比变化较大，所以波长在 460 nm 以下时，取波长间隔为 20 nm。如果测量值作为被测物镜彩色还原性能的评价，则在此谱段范围内应取波长间隔为 10 nm。

(4) 积分球的直径与位置应使射到其后壁的光斑直径为可变光阑直径的 0.5～2 倍。另外，进入积分球的光束直径不得超过积分球入射孔直径的四分之三，并且光束应位于入射孔的中央部位。

此外，在测量时应将被测照相物镜的外露光学表面擦拭干净；测量在暗室内进行，并防止因照明光引起的杂光进入积分球；光电接收元件应有足够好的线性，并在整个测量过程中应保持光源的稳定性。

6.2　光学系统杂光系数的测量

6.2.1　杂光系数概述

光学系统形成物体的实像时，在像面上除了按正常光路进行成像外，尚有少量的非成像光束在像面上扩散的现象称为杂光现象，这些叠加至像面处的不参与直接成像的有害光称为杂散光，简称杂光（Veiling glare）。

光学仪器中杂光的存在不仅减少了参与成像光的能量，更主要的是使整个像面上产生一个近似均匀的附加照度，画面犹如蒙上一层薄雾，对像质的影响很大。例如，杂光大的照相物镜拍出的画面清晰度差、层次少且色饱和度低等；对于望远镜系统，杂光的存在会使仪器的鉴别率低，观察距离减短；对于彩色电影或彩色电视，杂光会使整个画面彩色失真，彩色饱和度（色浓度）下降，导致画面彩色陈旧。所以一个光学系统杂光严重与否，将直接影响成像质量和仪器的使用效果，尤其是当前对光学系统成像质量提出越来越高的要求，杂光的控制或消除及杂光的测量已成为研制高性能光学仪器的重要课题。

光学仪器产生杂光的主要原因有以下几个方面：

（1）由光学零件的反射与散射造成的杂光。光学零件表面的多重反射，特别是偶次反射是形成杂光的重要因素。当光学系统中含有的反射平面或镜片特别多时，则有可能在像面附近形成幻像而产生杂光；透镜的光洁度不好或存在灰尘、指纹、划痕等造成的散射，透镜边缘面（特别是厚透镜或凹面透镜的厚边缘）也会产生杂光；玻璃的气泡、条纹、结石造成的散射光，胶合面、增透膜的反射、散射等也会产生杂光。

（2）机械部件的反射与散射造成的杂光。这方面主要包括镜筒内壁、内部机械件、光阑叶片和快门叶片的反射、散射等。叶片向光面的反射光对轴上像点处杂光影响不大，但对轴外像点处的杂光影响明显，而叶片朝像表面的反射产生的杂光要大些。

（3）相机内部各受光面的反射、散射与感光乳剂层的散射等造成的杂光。上述产生杂光的诸项因素中，由反射造成的杂光是主要成因，而散射造成的杂光一般来说是次要的。

（4）望远镜观察者眼球表面也可能把一部分光反射到仪器内形成杂光。

测量杂光的面源法，是由德国科学家哥尔特贝克于1925年提出的。该法测量结果易受诸多外界因素的影响，但由于它可测量各种因素产生的杂光，所用装置简单，故至今仍被普遍采用。1972年S·Martin等人针对面源法存在的缺陷，提出了测量杂光的点光源法，并由测得的杂光扩散函数（GSF）来评估系统的杂光大小。

目前，人们致力于杂光系数的准确测量，并从理论与实践上相继开展了许多研究工作，已研制出可连续扫描并自动记录的杂光测量装置，它不仅能准确地测定杂光系数，还可测量杂光分布，这些为开展杂光测量的标准化奠定了基础。近年来。ISO下属的TC—42对照相物镜的测量方法开展了标准化工作，杂光测量是其中的一项。1991年国际标准化组织的光学和光学仪器标准化技术委员会ISO/172提出杂光的定义和测量方法的标准草案ISO/DIS9358，这标志着杂光的研究与测量工作已日趋成熟和规范化。

6.2.2　杂光系数的度量

影响杂光的因素很多，即使是同一型号的物镜，其杂光也将随着空间物体的亮度分布而变化，同时杂光也是物镜自身的视场角和光圈数的函数，故为了对杂光进行度量，必须明确测量条件。

光学系统杂光系数的指标主要是依据测量方法确定的。目前测量杂光的通用方法是面源法（或称黑斑法），它是假定杂光在像平面上呈均匀分布而提出的。但实际上，杂光在像平面上的分布是不均匀的，故又提出用点源法测量杂光，这一方法直接测量的是点光源在像平面上的杂光分布曲线，即杂光扩散函数 $GSF(x,y)$。

为规定杂光系数的实际允许值，可在标准条件下测量一批物镜的杂光系数，然后实拍进行视觉检验，以确定允许值。根据经验，优良的照相物镜其常用孔径的杂光系数应小于 3%。一般照相物镜各孔径的杂光系数均小于 5%。

日本照相机和光学仪器检测协会（JCII）给出了照相物镜及相机杂光系数的度量标准，见表 6-1。

表 6-1　日本 JCII 杂光系数标准

杂光系数 η	评价	备注
$\eta \leqslant 1.5\%$	很好	不论黑白或彩色照相都能给出高质量的照片
$1.5\% < \eta \leqslant 3\%$	好	对彩色照相用的相机允许 $\eta \leqslant 3\%$
$3\% < \eta \leqslant 6\%$	过得去	介于可接受与不可接受之间
$6\% < \eta$	差	不能接受的

按 ISO/172 标准，被测物镜按其物距、像距及应用范围分为 A、B、C 三大类，见表 6-2。

表 6-2　被测物镜的分类

物　距　＼　像　距	a. 无限远或大于 $10^{\times}$ 焦距	b. 有限距离	c. 有限距离，但不易靠近的
A. 物在无限远或物距大于 $10^{\times}$ 焦距（物视场不受限）	望远镜	照相物镜	TV 系统摄像机、电影摄影机
B. 有限距离（物视场不受限）	投影物镜、放大镜、显微镜	扩大镜、变换透镜、照相物镜、带纤维面板的变像管	TV 显微镜
C. 有限距离，但不能直接靠近（物视场不受限）	显微镜		带玻璃面板的变像管 TV 显微镜

对各类系统的杂光检测方法，ISO/DIS9358 标准做了相应的规定。

6.2.3　杂光系数的测量

一、面源法的检测原理

在实际成像光学系统中，成像光线在像面上的有效扩散范围总是有限的，因此，由一均匀的面光源在像面上造成的杂光光强分布，可以看成是由面光源上的各个点光源在像面上造成的杂光叠加。显然，此时像面上的杂光光强分布仍可认为是比较均匀的，故可用面源法检测杂光系数。如待测物镜对一扩展的均匀亮背景上的黑斑成像，测得黑斑像的光照度，即为像面上的杂光照度 E_G。若面光源的成像光束在像面的照度为 E_0，面光源在像面上所成像的面积为 A，像面总面积为 S，则杂光系数的定义式可改写为

$$\eta = \frac{E_G S}{E_0 A + E_G S} \quad (\%) \tag{6-9}$$

从式(6-9)可以看出，光源面积越大，则像面上造成的杂光光通量也越大，并且杂光分布也越均匀，故越容易测量准确。若 A 趋近于 S，则上式可变为

$$\eta = \frac{E_G}{E_0 + E_G} \quad (\%) \tag{6-10}$$

由式(6-10)可见，通过测量大面积均匀光源在像面上所成像的总照度 $E_0 + E_G$ 和杂光照度 E_G，即可求得杂光系数 η。按此原理测量杂光的方法称为面源法或黑斑法。尽管这一方法存在很多缺陷，如检测条件与使用条件明显不符，测得数据在很大程度上取决于测量装置的参数，并不能满意地预言系统的使用效果等，但由于面源法测量容易实现，所以仍是目前国内外广为流行的方法。

二、杂光系数测量装置及方法

利用黑斑法测量杂光系数的装置包含两个主要部分，即黑体目标和亮背景发生器，以及光电检测器。目标和亮背景发生器的作用在于提供一个亮度均匀的、具有一定扩展范围的人工亮背景(即相当于模拟一个天空亮背景)，以及在亮背景上具有一定大小的一个或多个黑体目标。光电检测器的作用是测定像平面上黑体像和背景像的照度。具体测量装置随着光学系统的类别和使用要求各有不同，但基本原理是一样的。下面分别介绍测量照相物镜和望远镜系统杂光系数的测量装置及方法。

1. 照相物镜杂光系数的测量

图 6.6 所示为测量照相物镜(包括投影物镜、复制物镜等)杂光系数的典型装置示意图。图中带有若干个照明灯泡和牛角形消光管的积分球将提供一个均匀扩展的亮背景和黑体目标。牛角形消光管作为黑体目标与被测物镜相对地装在积分球的直径两端。积分球的亮度均匀漫反射内壁相对被测物镜入瞳构成一个尺寸可能接近 $180°$ 的均匀亮视场。光电检测器的光敏元件接收面位于黑体目标通过被测物镜所成的像平面上，并在其前放一个小孔光阑，以限制光敏元件接收黑斑的大小。由于光敏元件的光谱灵敏度与被测物镜实际工作时所用的感光材料的光谱灵敏度往往不一致，所以在光敏元件与小孔光阑之间加有修正滤光片，以保证光电检测器的光谱响应与感光材料的光谱特性基本一致。必要时还加一块毛玻璃，使投射在光敏元件上的光尽量均匀，牛角形黑体可以更换成与周围亮背景涂层完全相同的"白塞子"，使积分球内壁又成为一个整体。

通过光电检测器分别测出被测物镜像平面上对应黑体目标像和用"白塞子"时像的照度 E_G 和 $E_0 + E_G$，即光电检测器的对应指示值 m_1 和 m_2，则杂光系数为

$$\eta = \frac{E_G}{E_0 + E_G} = \frac{m_1}{m_2} \times 100\% \tag{6-11}$$

有些装置中，如果牛角形黑体目标不能用"白塞子"更换，则可把光电检测器移到与黑体目标像相邻的位置处测量背景像的照度。

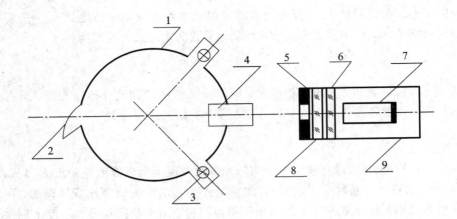

1—积分球；2—黑体目标；3—光源；4—被测系统；5—小孔光阑；

6—毛玻璃；7—光敏元件；8—修正滤光片；9—光电检测器

图 6.6　照相物镜杂光系数的测量装置

当需要测量轴外点杂光系数时，可将被测物镜绕通过入瞳平面并垂直于光轴的轴线转过一视场角，再进行测量。有些测量杂光系数的装置，为了便于同时测量不同视场角下的杂光系数值，在积分球的水平截面内以一定的角度间隔，同时装有若干个黑体目标，甚至也可用若干个性能相同的光电元件同时测出不同视场下的杂光系数值。

2. 望远镜系统杂光系数的测量

图 6.7 为测量望远镜系统杂光系数的测量装置。测量望远镜系统（或长焦距照相物镜）的杂光系数时，为了提供无限远的人工目标，被测望远镜系统正对准直物镜，入瞳应尽量靠近准直物镜。在被测望远镜的出瞳处装一个圆孔光阑，用以模拟使用望远镜时人眼瞳孔的限制。圆孔光阑的直径应根据望远镜的使用条件决定，如白天使用的仪器，眼瞳孔直径约为 3 mm 左右，晚上使用时为 8 mm 左右，所以圆孔直径也相应地选为 3 mm 或 8 mm。

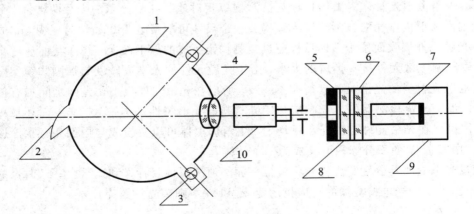

1—积分球；2—黑体目标；3—光源；4—准直物镜；5—小孔光阑；6—毛玻璃；

7—光敏元件；8—修正滤光片；9—光电检测器；10—被测望远系统

图 6.7　望远镜系统杂光系数的测量装置

光电检测器中仍装有小孔光阑、修正滤光片、毛玻璃。小孔光阑的通光孔应位于图 6.7 所示的暗区内,修正滤光片应根据人眼的光谱光视效率和光敏元件的光谱灵敏度选择。测量时,通过光电检测器分别测出对应黑体目标和"白塞子"光电流 m_1 和 m_2,由式(6-11)求出被测望远镜系统杂光系数 η 值。

三、测量条件和注意事项

由于光学系统的杂光系数与使用条件有关,杂光系数的测量结果也与测试条件有关,为了统一测量结果,并保证必要的测量精度,以便于互相比较,往往根据光学系统的种类和使用要求规定若干测试条件。例如 ISO 制定的照相物镜杂光系数测量标准草案中,对测试条件做了以下主要规定。

1. 关于扩展光源

(1)扩展光源应尽量靠近被测物镜的入瞳,使被测物镜所对的视场角尽量接近180°,而且视场亮度应力求均匀,在被测物镜像平面对角线一半的视场内,亮度不均匀应≤5%,在全视场内则应≤8%。

(2)在整个测量过程中,光源亮度变化应小于5%。

(3)光源的光谱功率分布应已知,并与测量要求的光谱区域相一致。

(4)黑体目标在被测物镜的像平面上成像大小应等于被测物镜像平面对角线视场的 $1/10\pm20\%$;考虑到被测物镜焦距和视场大小的不同,所以必须备有一套不同直径的黑体目标。黑体目标的亮度应小于前景亮度的千分之一。

2. 关于光电检测器

(1)光敏元件前面的小孔光阑直径应小于等于黑体目标像直径的1/5,其表面反射率在单独测量物镜杂光系数的情况下应≤3%。在综合测量照相机整机的杂光系数时,光阑面上应覆盖一层照相机实际工作时所用的感光材料,或者与感光材料的散射、反射特性相近的其它代用材料。

(2)光电检测器的灵敏度在一个测量周期内的变化应<2%,在整个照度变化范围内的光电响应线性要求应与杂光系数的测量精度要求相适应。

(3)光敏元件的光谱灵敏度曲线和修正滤光片的光谱透过曲率均应根据被测系统的使用要求事先测定和匹配。

3. 关于物像共轭关系

黑体目标到被测物镜的物距应大于被测物镜焦距的5倍,特殊情况下则按设计要求进行测量。

4. 关于视场位置

应在光轴上和规定物镜半视场处进行测量。当测量照相机整机的杂光系数时,如果被测系统的杂光分布具有明显的不对称性,则应转至杂光系数最大的方位进行测量。

在杂光系数的测量报告中,应注明以下主要测试条件参数:

(1)被测物镜或整机的牌号、焦距、最大相对孔径、制造号以及测量时所用的相对孔径;

(2)物距及放大率;

（3）扩展光源及黑体目标的角尺寸；

（4）光电检测器中小孔光阑的直径；

（5）测量时的视场位置等。

此外，测量中还应注意以下事项：

（1）测量前应仔细清擦被测光学系统的外露通光面，否则由于表面的尘土、指印、油污等的散射将明显影响测量结果；

（2）测量时应注意消除电流和室内杂光的影响，在某些测量装置中对积分球内的照明光源采取调制措施，以提高抗干扰能力和工作稳定性；

（3）如果在积分球的出口处装有准直物镜，则应尽量减小准直物镜本身的杂光系数，并在高精度测量中予以修正。

6.3　照相物镜渐晕系数的测量

6.3.1　照相物镜渐晕系数概述

光学系统中，随着入射光束倾斜度的增加，参与成像光束截面积减少的现象为渐晕。渐晕使像平面照度发生变化。

在某一光圈刻度值时，与光轴成 ω 角入射，并可全部通过镜头的最大平行光束垂直于光轴的横截面积 S_ω 与平行于光轴入射、并可全部通过镜头的最大平行光束垂直于光轴的横截面积 S_0 之比为渐晕系数，通常用百分数表示，即

$$K_s = \frac{S_\omega}{S_0} \times 100\% \qquad (6-12)$$

产生渐晕的原因有两个：一个是光阑（包括镜框）对斜光束的遮挡，这种渐晕称为几何渐晕，而且几何渐晕产生的渐晕系数总是小于 1 的；另一个是由于光阑像差和不同视场的主光线位移产生像平面照度变化，称为像差渐晕。应注意像差渐晕可能大于 1，这表明斜光束的截面面积大于轴上光束的截面面积。

6.3.2　照相物镜渐晕系数的测量方法

测量时，在被测物镜像方焦平面上设置点光源，在物方某一平面上测量光束截面面积。先将点光源放在焦点处测得 S_0，再将点光源移到轴外点（与 ω 角对应）测得 S_ω，用式（6-12）计算渐晕系数。

根据上述原理下面介绍两种测量方法。

一、用连接筒和小孔光阑测量

测量在暗室进行，测量装置如图 6.8 所示。被测物镜放在连接筒上，在像方焦平面上放一个小孔光阑，光阑的对角线上分布一排小孔，各孔到中心距离 H 按下式计算：

$$H = f' \mathrm{tg}\omega \qquad (6-13)$$

式中：f' 为被测物镜焦距；ω 为斜光束与光轴夹角。

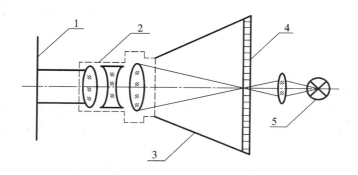

1—底片(毛玻璃)；2—被测物镜；3—连接筒；4—小孔光阑；5—光源

图 6.8 用连接筒测量渐晕系数

在被测物镜的物方，垂直于光轴放置一感光底片（为调小孔位于焦平面上，先放一毛玻璃），先将光源聚光在光阑的中心小孔处，此时通过被测物镜射出的光束对底片感光面积为 S_0，然后将光源依次移到其他各小孔处，在底片上得到对应各 ω 角的斜光束感光面积 S_ω，测量面积 S_0 和一系列不同视场角的 S_ω，得出一系列的 K_ω。

底片上感光面积 S_0 和 S_ω 可用求积仪测量，也可用放在照片上透明的网格纸，数出感光面积所占的格数。再就是从照片上剪下每个感光的影像部分，在分析天平上称重量，由于感光纸的厚度基本均匀，所以重量之比等于面积之比。

二、在光具座上测量

在光具座上测量渐晕系数应用一个带有回转臂的光具座。被测物镜的安装应使像方节点位于回转臂的回转轴上。在物镜的焦平面上放置小孔光阑，白炽灯泡通过聚光镜照明小孔。物镜前放置感光底片，如图 6.9 所示。

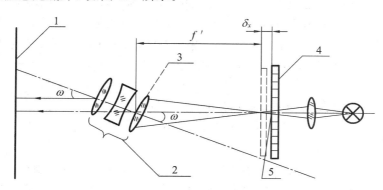

1—感光底片；2—被测物镜；3—像方节点；4—小孔光阑；5—焦平面

图 6.9 在光具座上测量渐晕系数

测量时，回转臂连同物镜一起从轴上位置向两侧每隔 5° 转一次，直到视场边缘被完全遮挡为止。在每个视场角下，从小孔通过物镜射出的光束对底片感光，处理之后得到一系列面积不同的曝光图形。测出图形面积，求出不同视场角的渐晕系数。

应当注意，物镜绕节点转动后，为使小孔仍保持在焦平面上，则小孔光阑应后移 Δ 距离，即

$$\Delta = f'\left(\frac{1}{\cos\omega} - 1\right) \tag{6-14}$$

其中：f' 为被测物镜距焦；ω 为回转角。

根据渐晕系数的定义，S_ω 应是垂直光轴的截面面积。但实际测量中，被测物镜转 ω 角时底片不动，使得底片与光轴不垂直，所以从底片所得曝光面积应除以 $\cos\omega$ 才得到 S_ω 值。

6.4 像面照度均匀度的测量

从控制曝光时的观点考虑，希望亮度均匀的物体成像在像平面各部位时其像面照度均匀，但大多数物镜的像面照度不可能达到完全均匀，像面照度一般来说总是随着视场的增大按一定规律下降。

考虑斜光束有渐晕现象，其系数为 K_s，并假设物镜完全畸变，而物面亮度在整个视场内不变，这时视场不同部位的像面照度分布为

$$K'_y = \frac{E'_y}{E_0} \times 100\%$$

$$K'_y = K_s \cos^4\omega \times 100\% \tag{6-15}$$

其中：E'_y 为离中心为 y' 处的像面照度；E_0 为视场中心的像面照度；K'_y 为像面照度均匀度，通常用百分数表示。

式(6-15)表明，即使无渐晕，像面照度均匀度也按 $\cos^4\omega$ 的规律由视场中心向边缘逐渐降低。一般情况下 K'_y 总是小于 $\cos^4\omega$ 的。

对于广角照相物镜，这种情况尤为严重。例如，当 $\omega = 60°$ 时，相应的 $K'_y < 6.25\%$，如视场中心曝光正合适，视场边缘将严重不足。为改善这种状况，有些广角照相物镜利用像差渐晕现象，使 $K_s > 1$，且随着 ω 的增大，K_s 增大，因此可在校正畸变条件下使得像面照度比较均匀。另外，有些照相物镜放弃了校正畸变，弥补了视场照度的不均匀性，这时 K'_y 的分布不再满足式(6-15)。

下面介绍两种直接测量像面照度均匀度的方法。

一、光电法

光电法的原理是：在被测物镜的物方设置一个亮度均匀而稳定的漫射面光源，并用光电接收器测量像方焦平面上各点的照度，在检流计上读出光电流值。只要光电接收器的入孔直径保持不变，检流计读数便与像面照度成正比，因此有

$$K'_y = \frac{E'_y}{E_0} \times 100\% = \frac{m_1}{m_2} \times 100\% \tag{6-16}$$

其中：m_1 为测离视场中心 y 处照度时的检流计读数；m_2 为测视场中心照度时的检流计读数。

光源到被测物镜距离尽可能近些，这样充满整个视场所需的光源尺寸可小些，易满足

光源的均匀性要求。

用这一原理测量 K_y' 值可借用测量渐晕系数的装置。使小孔光阑位于物镜焦平面上，中心小孔与焦点重合，用一漫射面光源（被灯光照明的乳白玻璃是一个实际应用的面光源，灯用稳压器或蓄电池供电）代替测量渐晕系数的装置中的底片。漫射面光源与被测物镜尽量靠近，使光源上亮度均匀的范围稍大于被测物镜的物方视场。将光电接收器放在小孔的后面，依次测定每个小孔位置的像面照度，如果几个小孔相距太近，可用较厚的黑纸将不用的小孔挡住，每次只让通过一个小孔的光线进入光电接收器，分别测出中心小孔和其他各孔位置的光电流，利用式（6－16）计算像面照度均匀度。

本方法的测量误差主要来源于光源本身亮度的不均匀和小孔光阑上的各孔直径不完全相等。

目前，随着光电转换技术的发展，接收器可采用矩形面阵列的光电接收器，阵列的整个面积与被测物镜像平面的面积相同，并采用数字显示或打印出不同视场的像面照度均匀度，或做出分布曲线。

二、照相法

照相法所用光源与光电法相同，也是在被测物镜的物方设置一个亮度均匀稳定的漫射面光源，在被测物镜的焦平面上放置照相底片，曝光和显影后，用光密度计测量底片不同部位的光密度，光密度的不均匀反映像面照度的不均匀。

光密度与照度之间的关系为

$$\gamma = \frac{D}{\lg Et} \tag{6－17}$$

其中：γ 为底片的反差系数（底片感光特性曲线直线区域的斜率，反映物像衬度比，与显影条件有关）；D 为光密度；E 为照度；t 为曝光时间；Et 为曝光量。

由式（6－17）得到

$$E = \frac{10^{\frac{D}{\gamma}}}{t}$$

对于视场中心的照度为

$$E_0 = \frac{10^{\frac{D_0}{\gamma}}}{t}$$

与视场中心相距 y' 的位置像面照度为

$$E_y' = \frac{10^{\frac{D'}{\gamma}}}{t}$$

其中，D_0 和 D' 分别为视场中心的光密度和离视场中心 y 处的光密度。

由式（6－15）得

$$K_y' = \frac{E_y'}{E_0} = 10^{\frac{(D'-D_0)}{\gamma}} \tag{6－18}$$

如果显影时控制反差系数 $\gamma = 1$，则上式可写成

$$K_y' = 10^{(D'-D_0)} \tag{6－19}$$

例如：在底片中心位置测得 $D_0 = 0.87$，底片四角上光密度平均值 $D' = 0.52$，反差系数

$\gamma=1$，则视场边缘的像面照度均匀度为

$$K' = 10^{(0.52-0.87)} \times 100\% = 45\%$$

用照相法测像面照度均匀度往往受许多条件（如曝光、显影等）影响，掌握不好就会造成很大误差，使用式(6-19)时，需假设底片显影后各点光密度均位于感光特性曲线的直线部分，但实际情况不一定这样理想，因此，光电法比照相法易得到可靠的结果。

本 章 小 结

1. 光学系统透射比反映了光能量经过光学系统后的损失程度。光学系统透射比的下降一定程度地影响像质。光学系统透射比分为白光透射比和光谱透射比。

2. 望远系统透射比的测量方法有附加透镜法和积分球法。

3. 照相物镜的透射比通常是指轴上透射比，但对于某些广角照相物镜需要研究透射比随视场的变化情况，所以需要测量规定视场角下的光谱透射比。测量装置都是用积分球加上可变光阑。

4. 光学系统形成物体的实像时，在像面上除了按正常光路进行成像外，尚有少量的非成像光束在像面上扩散的现象称为杂光现象，这些叠加至像面处的不参与直接成像的有害光称为杂散光。

5. 光学仪器产生杂光的主要原因有以下几个方面：

(1) 由光学零件的反射与散射造成的杂光。

(2) 机械部件的反射与散射造成的杂光。

(3) 相机内部各受光面的反射、散射与感光乳剂层的散射等造成的杂光。

(4) 望远镜观察者眼球表面也可能把一部分光反射到仪器内形成杂光。

6. 测量杂光系数最常用的方法是面源法（也称黑斑法）。

7. 光学系统中，随着入射光束倾斜度的增加，参与成像光束截面积减少的现象称为渐晕。渐晕使像平面照度发生变化。其测量方法为：用连接筒加小孔光阑测量和在光具座上测量。

8. 大多数物镜的像面照度不可能达到完全均匀，一般来说，像面照度总是随着视场的增大，按一定规律下降。其测量方法主要是光电法和照相法。

思 考 题 与 习 题

1. 测量光学系统透射比时，为什么规定光阑孔径必须小于待测物镜入瞳直径和积分球入射孔径？

2. 若测量光学系统透射比过程中电源不很稳定，可采取什么措施进行补救？

3. 用面源法测杂光系数的精度，受哪些测量条件的影响？

4. 在用面源法测杂光系数时，如果面光源不足够大，致使对应成像面积比像面总面积小，试分析对杂光系数有什么影响？

5. 点源法和面源法测杂光系数，两者各有何特点？

6. 在光具座上测某视场角 ω 的渐晕系数时，小孔光阑应后移多大距离？在求该视场角的渐晕系数时，为何要乘以一修正系数？

7. 光学仪器应从哪些方面着手消除杂光？

8. 怎样检测望远镜和照相物镜的杂光系数，测量时对光源有什么要求？

第7章 光学系统像质检验与评价

光学系统像质检验与评价方法有多种，本章主要介绍两种像质检验的传统方法，即星点检验和分辨率检验。它们的特点是检测方便、快速，测量装置简单、通用。

教学目的

1. 掌握星点检验法的基本原理。
2. 熟悉星点检验中的主要装置：焦面上装有星孔光阑的平行光管和观察显微镜。
3. 了解对平行光管的要求、星孔直径的选择和对观察显微镜的要求。
4. 了解常用的星点检验判别技术。
5. 熟悉瑞利、道斯和斯派罗判据的具体含义。
6. 熟悉望远系统、照相物镜和显微镜分辨率检测的基本原理及装置。

技能要求

1. 掌握星点检验法的原理，能够熟练调节检验中的相关装置，如平行光管及观察显微镜。
2. 能够通过星点像判别常见的单一像差。
3. 掌握望远系统、照相物镜和显微镜分辨率的检测原理，能够正确地设计检测光路并确定相关参数。

7.1 星 点 检 验

星点检验法是对光学系统进行像质检验的常用方法之一。1947 年 H. D. Taylor 曾全面定性地研究星点检验法；1956 年 A. Marechal 指出，当球差为 $\lambda/4$ 时，最佳像点前后截面光能分布已显著不对称；1960 年 W. T. Werford 从理论上说明检验球差的极限灵敏度为 $\lambda/20$。此后，人们又做了大量工作，但至今仍是定性检验法。在光学系统设计、制造及使用中，人们最为关心的是系统的像质，并希望将像质与诸项影响因素联系起来，借以诊断问题，并提出改进措施，星点检验在一定程度上可胜任上述工作。

7.1.1 星点检验原理

光学系统对非相干照明物体或自发光物体成像时，可将物光强分布看成是无数多个具有不同强度的独立发光点的集合。每一发光点经光学系统后，由于衍射和像差以及其它工艺疵病的影响，在像面处得到的星点像光强分布是一个弥散斑，即点扩散函数（PSF）。在等晕区内，每个光斑都具有完全相似的分布规律，像面光强分布是所有星点像光强的叠加结果。因此，星点像光强分布规律决定了光学系统成像的清晰程度，也在一定程度上反映了光学系统对任意物分布的成像质量。上述的点基元观点是进行星点检验的基本依据。

按点基元观点，通过考察一个点光源（即星点）经过光学系统后在像面前后不同截面上所成衍射像的光强分布，就可以定性地评定光学系统自身的像差和缺陷的影响，定性地评价光学系统成像质量，这一方法称为星点检验法。

　　按照夫朗和斐(Fraunhofer)衍射理论，一个位于无限远处的发光物点经过光学系统所成衍射像的光强分布，是光瞳面振幅分布函数(光瞳函数)的傅里叶变换的模的平方。对于一个无像差衍射受限系统(圆形光瞳函数为常数)而言，星点像的相对光强分布就是熟悉的艾里斑(Airy disk)光强分布，即

$$\begin{cases} I = I_0 \left[\dfrac{2J_1(\psi)}{\psi}\right]^2 \\ \psi = \dfrac{2\pi}{\lambda}a\theta \end{cases} \qquad (7-1)$$

上式所代表的几何图形及各量物理意义如图 7.1 所示。

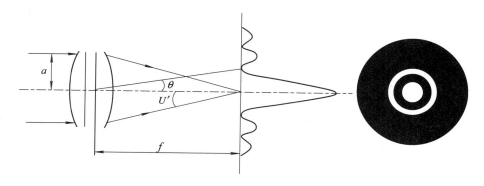

图 7.1　衍射受限系统参量与艾里斑光强分布

　　艾里斑是由中央亮斑及若干亮度迅速减弱的同心外环组成的。艾里斑各极值点的相关数据见表 7-1。

表 7-1　艾里斑光强极值点的几个主要数据

$\psi = \dfrac{2\pi}{\lambda}a\theta$	θ	$\dfrac{I(\theta)}{I(0)}$	光能分配(%)	环　　数
0	0	1	83.78	中央亮斑
$1.220\pi = 3.83$	$0.610\lambda/a$	0	0	第一暗环
$1.635\pi = 5.14$	$0.818\lambda/a$	0.0175	7.22	第一亮环
$2.233\pi = 7.02$	$1.116\lambda/a$	0	0	第二暗环
$2.679\pi = 8.42$	$1.339\lambda/a$	0.0042	2.77	第二亮环
$3.238\pi = 10.17$	$1.619\lambda/a$	0	0	第三暗环
$3.699\pi = 11.62$	$1.849\lambda/a$	0.0016	1.46	第三亮环
$4.240\pi = 13.32$	$2.120\lambda/a$	0	0	第四暗环
$4.711\pi = 14.80$	$2.356\lambda/a$	0.0008	0.86	第四亮环

　　计算表明，理想星点像的光强分布不仅是轴对称的，而且最佳像面前、后对称截面上，

其星点衍射像的光强分布也是对称的。

但在实际光学系统中，总存在着不同程度的像差、材料缺陷、加工制造误差等，都会造成经光学系统后出射的波面偏离理想波面，星点像的光强分布与上述艾里斑的光强分布有一定差异，同时引起光瞳函数变化，从而使对应的星点像产生变形或改变其光能分布。待测系统的缺陷不同，星点像的变化情况也不同，故由实际星点衍射像与艾里斑比较，即可灵敏地反映出待测系统的缺陷，并由此评价像质。

星点法主要用于检验望远系统、照相系统、投影系统及显微物镜，尤其适于小像差系统的检测。

7.1.2　星点检验装置

对于透镜型的光学系统或零件，星点检验的装置主要由焦面上装有星孔光阑的平行光管和观察显微镜组成，如图 7.2 所示。

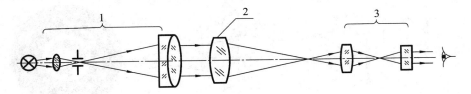

1—平行光管；2—待测物镜；3—观察显微镜

图 7.2　物镜星点检验装置

一、对平行光管的要求

（1）平行光管物镜的像质应很好，且其通光口径应大于待测物镜的入瞳直径。

（2）光源应选用发射连续光谱而有足够亮度的灯，如超高压水银灯、汽车灯泡和卤素石英灯等，并用聚光镜照明星孔，以便看清星点像的细节。

（3）星孔直径的选择：

为使星点衍射像有好的对比度和足够的衍射细节，星孔允许的最大角直径 $\alpha_{\max}$ 应等于待测物镜艾里斑第一暗环的角半径 θ_1 的一半，如图 7.3 所示，即应有

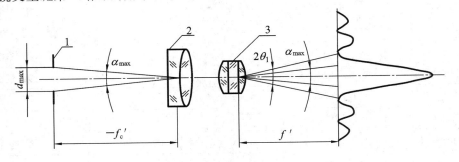

1—平行光管物镜；2—待测物镜；3—星孔板

图 7.3　星孔最大角直径与艾里斑角半径的关系

$$\alpha_{\max} = \frac{1}{2}\theta_1 \qquad\qquad (7-2)$$

由表 7-1 查得，$\theta_1 = 0.61\lambda/a = 1.22\lambda/D$，所以有

$$\alpha_{\max} = \frac{0.61\lambda}{D} \qquad\qquad (7-3)$$

式中：D 为待测物镜的入瞳直径；λ 为照明光源波长，白光照明取平均波长 $0.56\ \mu m$。

平行光管物镜焦面处所允许的星孔直径为

$$d_{\max} = \frac{0.61\lambda}{D}f_c' \qquad\qquad (7-4)$$

式中，f_c' 为平行光管物镜焦距。

例如：假设 $f_c' = 1200\ mm$，通光口径 $D_c = 100\ mm$，待测物镜孔径 $D = 70\ mm$，则所允许的星孔最大直径 $d_{\max}$ 为

$$d_{\max} = \frac{0.61\lambda}{D}f_c' = \frac{0.61 \times 0.56 \times 10^{-3} \times 1200}{70} \approx 0.006\ mm$$

如果检验时不用平行光管，而直接将星点放于距物镜前节点的距离 $l \approx 20f'$ 处，则星孔最大直径 $d_{\max}$ 为

$$d_{\max} = \alpha_{\max}l = \frac{0.61\lambda}{D}l \qquad\qquad (7-5)$$

例如：待测物镜口径 $D = 70\ mm$，焦距 $f' = 500\ mm$，由 $l \approx 20f' = 10\ 000\ mm$，得星孔最大直径 $d_{\max}$ 为

$$d_{\max} = \frac{0.61\lambda}{D}l = \frac{0.61 \times 0.56 \times 10^{-3} \times 10\ 000}{70} \approx 0.05\ mm$$

二、对观察显微镜的要求

在用显微镜观察星点衍射像时，除要求显微镜像质好之外，还要注意合理选择显微镜的数值孔径 NA 及放大率。

1. 显微镜数值孔径

为使待测物镜射出的光束全部进入观察显微镜，应要求显微物镜的数值孔径 NA 等于或大于待测物镜的像方孔径角 u'，即按表 7-2 选取 NA 值。

表 7-2　由 D/f' 选 NA 值

待测物镜的 D/f'	应选取的 NA	消色差显微物镜的倍率
$<1/5$	0.1	$4^\times$
$1/5 \sim 1/2.5$	0.25	$10^\times$
$1/2.5 \sim 1/1.4$	0.40	$25^\times$
$1/1.4 \sim 1/0.8$	0.65	$40^\times$

2. 显微镜总放大率

显微镜总放大率 Γ 的选取应保证人眼能将星点衍射像的第一、二衍射亮环分辨开。由平行光入射的圆孔衍射理论可知，第一、二衍射亮环的角半径分别为 $\theta_1 = 1.635\lambda/D$，$\theta_2 = 2.679\lambda/D$。两衍射亮环间的角距离应为

$$\Delta\theta = \theta_2 - \theta_1 = \frac{1.044\lambda}{D} \qquad (7-6)$$

则待测物镜焦面上对应的线间距为 $\Delta R = 1.044 f'/D$，经过显微镜放大后，两亮环像的角距离应大于或等于人眼的分辨角 α，即

$$1.044\frac{\lambda f'}{D}\beta\frac{1}{f'_e} \geqslant \alpha \qquad (7-7)$$

式中：β 为显微物镜的垂轴放大率；f'_e 为目镜的焦距。

由显微镜总放大率 $\Gamma = \beta\frac{250}{f'_e}$，有

$$\Gamma \geqslant \frac{250D\alpha}{1.044\lambda f'}$$

若取 $\lambda = 0.56\ \mu m$，α 以分作为单位，则上式可近似化简为

$$\Gamma \geqslant 125\frac{D\alpha}{f'}$$

为了便于观察，一般取人眼的分辨角 $\alpha = 2' \sim 4'$，代入上式则有

$$\Gamma = \frac{(250 \sim 500)D}{f'} \qquad (7-8)$$

当显微镜的数值孔径选定后，其垂轴放大率 β 也就确定了。因此，只要合理选择目镜的放大率，即可满足显微镜总放大倍率的要求。

三、前置镜参数的选择

若对望远系统或其它平面光学元件做星点检验，则应采用前置镜进行放大观察。对前置镜除要求像质好外，还应使其入瞳直径大于待测系统出瞳直径，放大率满足人眼分辨星点像细节的要求。第一、二衍射亮环经待测望远系统后的角距离 $\Delta\theta' = \Delta\theta\Gamma = 1.044\lambda/D'$。显然，前置镜放大率应为

$$\Gamma_T \geqslant \frac{\alpha}{\Delta\theta'} = \frac{D'\alpha}{1.044\lambda} \qquad (7-9)$$

当取 $\lambda = 0.56\ \mu m$，α 以分作为单位，待测望远系统出瞳直径 D' 以毫米为单位时，式 (7-9)可简化为

$$\Gamma_T \geqslant \frac{D'\alpha}{2} \qquad (7-10)$$

式中，α 根据实际情况或取 $\alpha = 2' \sim 4'$。

另外，在进行轴上星点检验时，应注意调节待测物镜光轴与平行光管光轴准确一致，以排除调校缺陷对检验结果的干扰。

7.1.3 星点检验的判别技术

根据星点衍射图的特征准确可靠地判断待测光学系统的像质及影响像质的主要因素是很重要的。它要求检测人员除了掌握星点检验的基本原理外，还必须具有丰富的实践经验。为此，应先了解单独具有某种像差或缺陷的星点衍射像的特征，如共轴性、球差、色差、慧差及像散等。

一、检验光学系统的共轴性

检验前，应调节待测系统光轴与平行光管光轴准确一致。在此基础上，用白光照明，如果所观察到的衍射环不同心，或同一环上光能分布不一致，或颜色不一样，则表明待测系统的共轴性遭到破坏。共轴性检验在多组分离物镜的装配过程中使用最多，也非常重要，由此可将各组间的光轴调到严格同轴。

二、检验球差

如待测系统中各透镜的共轴性良好，仅存在球差，则射出系统的波面是轴对称的回转面，其星点衍射像的形状及光能分布仍是轴对称的，但光能由中央亮斑向各环带弥散，使各亮环变亮，各暗环光强也不为零。更明显的特征是在最佳像点前后对称截面上，星点衍射图形不再对称。

图 7.4 给出四种典型球差的光路图。有关星点图的特征说明列于表 7-3 中，表中只列出图 7.4(a)、(c)两种情况，图(b)、(d)两种情况分别与(a)、(c)中两截面对调后的情况相同，可类推得知。

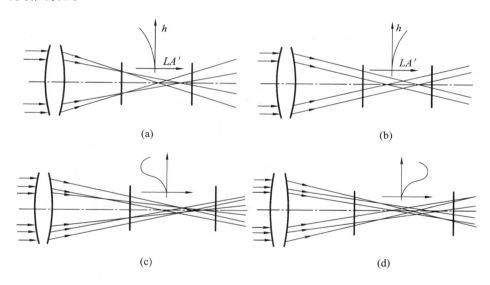

图 7.4　典型球差光路图

在典型球差的光路图中，由近轴光、带光与边缘光经待测透镜会聚后的光束位置可以看出，各截面拦截的光束疏密分布对应着星点衍射图的暗亮分布。通过观察各截面星点衍射图光能分布的连续变化趋势与其两特定截面(焦前、焦后截面)的特征，即可准确地判别待测物镜的球差校正情况。

图 7.4 中(a)、(b)两种情况分别与单片正透镜和单片负透镜的球差情况相当。这在经过良好设计与制造的光学系统中很少见到。如出现这种情况，则最大可能是某一镜片装反，或检验时镜头反装所致；或因玻璃用错，透镜厚度与半径超差以及镜片间距严重超差等制造误差造成。图中(c)、(d)所示的是光学系统球差经校正后的常见情况。带球差是以两截面星点衍射图的中间球带的明暗变化来判别的。

表 7-3 典型球差星点衍射图特征

球差校正情况	星点衍射图光能分布情况		备　　注
	焦前截面	焦后截面	
存在负球差	明亮外环 较暗中心	明亮中心 弥散外环	由星点衍射图外环和中心的亮度、对比度变化判别
存在负带球差	明亮中间环	暗中间环	由星点衍射图中间环的亮度、对比度变化判别

三、检验位置色差

如图 7.5 所示为常见光学系统的色差曲线。

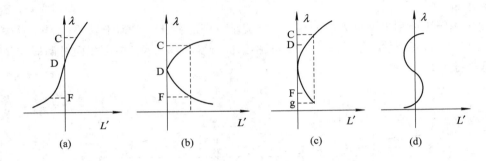

图 7.5　常见光学系统的色差曲线

图 7.5 中（a）为未消色差正透镜的色差曲线。轴上星点发出的白光经待测透镜后，将按着 F、D、C 光依次会聚在光轴的不同位置处；（b）为对 C、F 光消色差曲线，使对人眼灵敏的 D 光像点能量最集中；（c）为对 C、g 光线消色差曲线，使能量集中在对照相底片灵敏的 D、F 光范围内；（d）为复消色差曲线。

星点检验位置色差时，为排除球差等因素带来的复杂情况，常将待测系统限制在近轴区域成像。以白光照明轴上星点，若系统未校色差，则星点衍射像的显著特点是具有鲜艳的衍射彩环，并在 D 光像点的前、后截面上可观察到色序相反的彩环。

若待测系统是对 C、F 光消色差的目视光学系统，则星点衍射像的彩色与未消色差的相比，要柔和得多。在 D 光像点位置处，由于能量集中，将几乎看不到颜色。在像点前截面处，可看到彩色衍射图形，其中心微带绿色，周围是淡黄色，最外是紫红色。像点后截面看到的彩色衍射图形，其中心微带紫红色，周围是淡黄色，最外为黄绿色。

对于图 7.5 中的（c）、（d）消色差光学系统，星点衍射图的彩色分布，可类似地进行分析。

系统的倍率色差会使谱线的像点位置在像平面内不一致，故像面处形成一小段光谱及其外围的衍射彩环。检验待测系统色差时，除依据衍射环颜色的鲜明程度，及前后截面衍射图形的色序外，还应考虑人眼及观察仪器的色差，也可用已知色差的光学系统星点衍射图与待测系统进行比较，以客观地评价消色差的效果。

四、检验慧差和像散

慧差为非对称像差，出射波面失去回转对称性，形成的星点像光能分布也不对称。同一衍射环的亮度不均匀，衍射环不再是圆形，中央亮斑偏向一边，甚至衍射环有断裂残缺不全现象。慧差严重时，星点像出现明显的慧星形状，有明亮的头部和延伸的尾部。图 7.6 分别给出了不同程度慧差星点像的示意图。

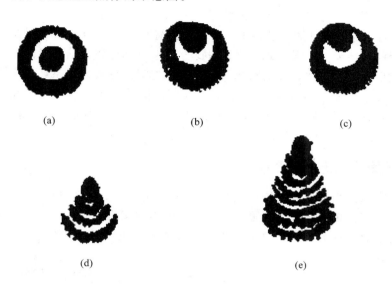

(a)   (b)   (c)

(d)   (e)

图 7.6 不同程度慧差的星点像

造成轴上慧差的主要原因是系统各光学面的偏心。光学面偏心的因素很多，如单片透镜的偏心，或是胶合透镜胶合面的偏心，或者是装配镜框偏心和镜筒偏心等等。

像散的存在使子午和弧矢面的光线不交于同一位置上。其星点像的特点是：当像散较小时，中央亮斑往往仍是圆的，第一亮环出现四角形，甚至破裂成四段；像散严重时，中央亮斑出现明显十字形，前后截面分别出现互相垂直的椭圆形星点像。

造成轴上像散的原因是光学面有较大的偏心和光学面变形。当观察到星点像的主要特征表现为像散，而慧差不明显时，这时的像散主要是由于光学面变形引起的。

五、其它疵病的检验

当光学材料存在缺陷或光学零件在加工和装配中存在疵病时，将出现与之对应的星点像。例如，光学玻璃存在条纹时，星点像往往带有"长刺"，离焦时的星点像带有片状断裂等现象，这种疵病多半是因为玻璃下料时搞错方向或弄错条纹度的等级而造成的。

当光学零件存在较大的装夹应力时，如由于镜筒变形、金属毛刺引起光学件卡滞、径向调节光学件偏心机构及包边结构使光学零件产生较大的径向应力等。由于径向应力方向和光轴方向垂直，所以对像质影响比较明显，往往使星点像出现不规则的多边形，如三角形、枣形，带角带刺等特征。

以上列举了单一像差星点像的特征，但在实际光学系统的星点检验中，往往是各种残余像差及工艺疵病同时存在，这给准确判断、分析像质带来一定的困难。尽管如此，由于星点衍射像包含有同光学传递函数等价的像质信息量，并可找出影响像质的主要因素，加之装置简单，检验直观且灵敏度高，所以，星点检验一直是光学系统进行像质检验，尤其是对高质量的零部件或系统在工艺过程中进行像质检验的重要手段。

7.2 分辨率检测

分辨率检测可获得有关待测光学系统像质的信息，它可给出像质的数字指标，且容易测量与比较。对于像差较大的光学系统，分辨率会随着像差的增大而有明显变化，便于区分大像差系统的像质差异，而且通过测量对比分辨率可部分弥补信息量的不足。由于分辨率检测的灵敏度不如星点法，且检测结果与几何像差间没有直接联系，尤其是小像差系统的分辨率几乎只是入瞳大小的函数，因此，以其评价像质具有一定的局限性。分辨率作为评价像质指标比较直观，易于定量测量，其检测装置简单，故仍是检测一般成像光学系统像质的主要方法之一。

7.2.1 衍射受限系统的分辨率

某一发光物点经衍射受限系统(指理想的无像差光学系统)成的像为一艾里斑。两个靠得很近的独立发光点的艾里斑，其重叠部分的光强为两艾里斑光强之和。分辨两衍射斑的前提条件是其重叠区的光强对比度 k 应大于人眼的对比灵敏度。为统一判断标准，人们提出了下面三种判据。

瑞利(Rayleigh)判据：瑞利认为，当分辨条件 $K=15\%$，即两衍射斑中心距正好等于第一暗环的半径 σ 时，人眼刚能分辨开这两个像点，这时两衍射斑的中心距为

$$\sigma = 1.22\lambda \frac{f'}{D} = 1.22\lambda F \tag{7-11}$$

道斯(Dawes)判据：道斯认为，当分辨条件 $K=2.6\%$ 时，人眼刚能分辨两衍射斑的中心距为

$$\sigma_D = 1.02\lambda F \tag{7-12}$$

斯派罗(Sparrow)判据：斯派罗认为，当分辨条件 $K=0$ 时，即两个衍射斑之间的合光强刚好不出现下凹时为刚可分辨的极限情况，两衍射斑之间的最小中心距为

$$\sigma_0 = 0.947\lambda F \tag{7-13}$$

式中，F 为待测系统的 f'/D 值。

但是，在实际应用中，光学系统种类繁多，分辨率的具体表现形式也各不相同，通常以道斯判据给出的分辨率作为光学系统的目视衍射分辨率(也称为理想分辨率)。

望远镜系统以物方刚能分辨开的两发光点的角距离 α 表示分辨率，即以望远物镜后焦面上两衍射斑的中心距 σ 对物镜后主点的张角 α 表示，

$$\alpha = \frac{\sigma}{f} = \frac{1.02\lambda}{D} \tag{7-14}$$

照相物镜是以像面上刚能分辨的两衍射斑中心距的倒数(每毫米的线条数)N 表示分辨率，即

$$N = \frac{1}{\sigma} = \frac{1}{1.02\lambda F} \tag{7-15}$$

显微镜系统是以物面处刚能分辨开的两物点间的距离 ε 表示分辨率，即

$$\varepsilon = \frac{\sigma}{\beta} = \frac{1.02\lambda}{2NA} \tag{7-16}$$

式中，β 为显微物镜的垂轴放大率。

表 7-4 列出了三种光学系统按不同判据表示的视场中心的理论分辨率。表中 D 为望远系统的入瞳直径（mm）；NA 为显微镜的数值孔径；取 $\lambda = 0.56\ \mu m$。

表 7-4　三种系统不同判据的理论分辨率

判据 系统	瑞利判据	道斯判据	斯派罗判据
望远镜系统 α/rad	$\dfrac{1.22\lambda}{D}$	$\dfrac{1.02\lambda}{D}$	$\dfrac{0.947\lambda}{D}$
照相物镜 N/mm^{-1}	$\dfrac{1}{1.22\lambda F}$	$\dfrac{1}{1.02\lambda F}$	$\dfrac{1}{0.947\lambda F}$
显微镜系统 $\varepsilon/\mu m$	$\dfrac{0.61\lambda}{NA}$	$\dfrac{0.51\lambda}{NA}$	$\dfrac{0.47\lambda}{NA}$

对于照相物镜，除了考虑轴上（视场中心）分辨率外，还应考察轴外点（某视场角）的分辨率，比如常用的 0.3、0.7、0.85 视场的分辨率。

经过计算，推导出照相物镜轴外点子午方向的理论分辨率为

$$N_t = \frac{1}{\sigma_t} = \frac{1}{\sigma}\cos^3\omega = N\cos^3\omega \tag{7-17}$$

照相物镜轴外点弧矢方向的理论分辨率为

$$N_s = \frac{1}{\sigma_s} = \frac{1}{\sigma}\cos\omega = N\cos\omega \tag{7-18}$$

根据式（7-17）和式（7-18）容易得到照相物镜的理论分辨率随视场变化的曲线，如图 7.7 所示。则此可见，随着视场角 ω 的增大，子午方向的分辨率比弧矢方向的分辨率下降得更快些。

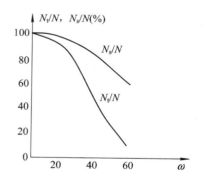

图 7.7　理论分辨率随视场 ω 变化的曲线

7.2.2　分辨率图案

光学系统因存在像差和其它工艺缺陷，其所成的实际星点衍射像与理想衍射像相比，在大小、形状和光强分布等方面均有一定差别，从而导致实际两衍射斑之间的光强对比度下降，造成相应的分辨率下降。通常待测系统的像差或缺陷对轴外斜光束成像影响更大些，则视场边缘分辨率下降就更明显，故分辨率可作为评价待测系统像质的指标。

由于人工制作非相干的一对星孔目标物很困难，因此常采用栅条状图案作检验目标物。考虑到两种目标物的衍射差别不大，以及判据的分辨条件不很严格，故仍可将理论分辨率公式算出的结果作为评价像质的参考标准。

由于各类光学系统的用途、工作条件及要求不同，因此所设计的分辨率图案形式也不一样。图 7.8 所示为两种常用的分辨率图案。

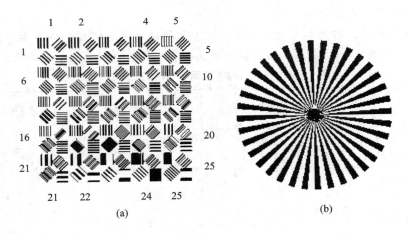

图 7.8　两种常用的分辨率图案

图 7.8(a)所示的分辨率图案为我国目前应用最广的 WT－1005－62 型标准图案，又称栅状分辨率图案。新近修定的这种标准图案由黑白相间、线宽相等的矩形栅状线条组成，整套图案的线宽由粗到细按公比 $2^{-1/12} \approx 0.9439$ 的几何级数规律依次递减，并顺序地分布在编号为 $A_1 \sim A_7$ 的 7 块分辨率板上。每块分辨率板由线宽递减的 25 个单元(序号1,2,3,…,25)组成一个大正方形，每单元又由 4 个不同方向的线条组排成一个小正方形。7块分辨率板各单元的线条宽度见表 7-5。

表 7-5　栅格状分辨率板线宽表

分辨率板号	A_2	A_2	A_3	A_4	A_7	A_6	A_7
图案单元号	线宽度 b 值/μm						
1	160	80.0	40.0	20.0	10.0	7.50	5.00
2	151	75.5	37.8	18.9	9.44	7.08	4.72
3	143	71.3	35.6	17.8	8.91	6.68	4.45
4	135	67.3	33.6	16.8	8.41	6.31	4.20
5	127	63.5	31.7	15.9	7.94	5.95	3.97
6	120	59.9	30.0	15.0	7.49	5.62	3.75
7	113	56.6	28.3	14.1	7.07	5.30	3.54
8	107	53.4	26.7	13.3	6.67	5.01	3.34
9	101	50.4	25.2	12.6	6.30	4.72	3.15
10	95.1	47.6	23.8	11.9	5.95	4.46	2.97
11	89.8	44.9	22.4	11.2	5.61	4.21	2.81
12	84.8	42.4	21.2	10.6	5.30	3.97	2.65
13	80.0	40.0	20.0	10.0	5.00	3.75	2.50

分辨率板号	A_2	A_2	A_3	A_4	A_7	A_6	A_7
图案单元号	线宽度 b 值/μm						
14	75.3	37.8	18.9	9.44	4.72	3.54	2.36
15	71.3	35.6	17.8	8.91	4.45	3.34	2.23
16	67.3	33.6	16.8	8.41	4.20	3.15	2.10
17	63.5	31.7	15.9	7.94	3.97	2.98	1.98
18	59.5	30.0	15.0	7.49	3.75	2.81	1.87
19	56.6	28.3	14.1	7.07	3.54	2.65	1.77
20	53.4	26.7	13.3	6.67	3.34	2.50	1.67
21	50.4	25.2	12.6	6.30	3.15	2.36	1.57
22	47.6	23.8	11.9	5.95	2.97	2.23	1.49
23	44.9	22.4	11.2	5.61	2.81	2.10	1.40
24	42.4	21.2	10.6	5.30	2.65	1.99	1.32
25	40.0	20.0	10.0	5.00	2.50	1.88	1.25

注：1. 空间频率 $N=\dfrac{1000}{2b}$（mm^{-1}）；

2. 平行光管对应角距离 $\alpha=\dfrac{2b\times10^{-3}}{f'_c}\times206265''$，式中，$f'_c$ 为平行光管焦距。

图 7.8(b)为辐射式分辨率图案。它通常由大小相同，黑白相间的 72 个扇形条组成。相邻两黑（或白）扇形条的中心距 σ 随直径 d 连续改变，即

$$\sigma=\frac{\pi d}{m} \qquad\qquad (7-19)$$

式中，m 为黑或白的扇形条数（图示的 $m=36$）。

上面两种分辨率图案各有其优缺点。栅格状分辨图案具有测量迅速可靠的优点，但空间频率不是连续的，不能反映伪分辨现象；辐射式分辨率图案做到了空间频率的连续变化，且容易发现伪分辨现象，但测量较烦，误差大。还有一种专门用于中等以下焦距和视场的照相物镜的照相分辨率测量的 SH—01 型分辨图案。

为检测光学系统对低对比目标的分辨率，需用照相真空着色或照相复印法制作低对比分辨率图案，也可用光学方法在高对比分辨率图案上加入连续可变光强的背景光，以获得所需的低对比分辨率图案。

7.2.3 望远系统分辨率检测

望远系统的分辨率在很大程度上取决于望远物镜（或望远物镜组）的分辨率，这是因为物镜焦面上待分辨的两个像点是成像光束经入瞳衍射的结果，而目镜的作用仅仅是将其放大，并不限制光束，也就不再对两像点有衍射影响。

当然，由于目镜自身的像差或工艺疵病对整个望远镜分辨率可能有影响，故有必要检测整个望远系统的分辨率。

一、望远物镜分辨率的检测

望远物镜分辨率检测的装置主要由平行光管、透镜夹持器和观察显微镜组成。其检测光路如图7.9所示。

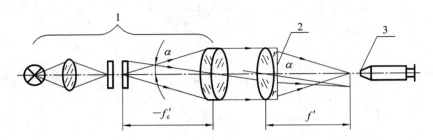

1—平行光管；2—待测望远物镜；3—观察显微镜

图 7.9 望远物镜分辨率检测光路

在高质量平行光管焦面处放置分辨率板。光源通过聚光镜与毛玻璃均匀照明分辨率板，再经平行光管物镜将分辨率图案成像在无限远处，作为待测望远物镜的目标物。若望远物镜设计时是与其后面的转像棱镜一起消像差的，则应检测整个望远物镜组的分辨率。观察显微镜的选取要求与星点检验时的要求相同：为不限制或切割成像光束，$\mathrm{NA} \geqslant \sin\left(\mathrm{arctg}\,\dfrac{D}{2f'}\right)$；放大倍率应满足人眼观察分辨率图案像的细节需要，$\Gamma_\mathrm{M} > (250 \sim 500) D/f'$。

检测时，先调待测望远物镜与观察显微镜，使其与平行光管共轴。如选用栅格状分辨率板，则通过观察显微镜按顺序由粗线条单元向细线条单元逐组分辨，直至刚能将某单元四个方向上的线条像全部分辨清楚，而下一单元的线条像不能全分辨为止。根据此单元号和分辨率板号，由表 7-5 查得该单元的线条宽度 $b/\mu\mathrm{m}$ 值，再根据平行光管的焦距 f'_c，求得待测望远物镜的分辨率为

$$\alpha = \frac{2b \times 10^{-3}}{f'_\mathrm{c}} \times 206265'' \qquad (7-20)$$

检测时，如选用辐射式分辨率板，则经待测望远物镜所成的像将出现模糊圆。用观察显微镜测出模糊圆直径 d，便可求得待测望远物镜的分辨率为

$$\alpha = \frac{\pi d}{36 f'} \times 206265'' \qquad (7-21)$$

式中：f' 为待测望远物镜的焦距；d 为模糊圆直径。

二、望远系统分辨率的检测

检测望远系统整体分辨率的装置，主要由平行光管、待测望远系统支座和前置镜组成，其装置图如图 7.10 所示。

测量时，先不放前置镜，直接由待测望远镜（视度要归零）观察，并调整望远镜，使分辨率图案的像位于视场中心部位。接着放入前置镜，找出刚好分辨开四个方向线条像的分辨单元，由表 7-5 查得相应线条宽度 b 值，由式（7-20）求得待测望远系统的分辨率值。

对前置镜的要求与星点检验时的相同，前置镜倍率 Γ_T 也按式（7-10）选取。

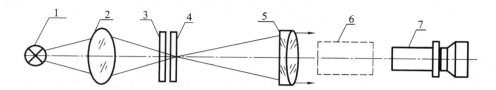

1—光源；2—聚光镜；3—毛玻璃；4—分辨率板；5—准直物镜；6—待测系统；7—前置镜

图 7.10　望远系统整体分辨率检测装置简图

若待测望远镜存在较大的像差或工艺疵病，除使分辨率有明显下降外，还使分辨率图案中的线条像出现特定的变化，由此变化可定性地判别影响像质的主要原因。例如：色差会使分辨率图案的线条像带有彩边，并影响线条边界锐度；球差引起透明线条像的边缘有均匀的光晕，使线条像对比度下降；慧差常使透明线条像形成单向的伸展光晕，严重时呈尾巴状；像散的存在，引起分辨率图案中相互垂直的线条像不能同时清晰，故观察显微镜需做调焦，才能分别看清各自方向的线条像。

若望远镜装配不良或某个镜片偏心太大，则线条像的边缘往往形成暗弱的次生像。

望远镜的杂光会在图案像的透明背景上形成漫射光，降低线条像的对比度等。

实际望远镜成像时，由于诸多缺陷并存，使得由分辨率图案像分析缺陷并评价像质变得很复杂，而更多地是靠经验及与像质好的光学系统比较后，再客观地给出检测结果。

7.2.4　照相物镜分辨率检测

在光具座上检测照相物镜目视分辨率的光路如图 7.11 所示。用栅格状分辨率板检测轴上点分辨率时，方法大致与检测望远物镜分辨率相同。根据刚能分辨的单元号和板号由表 7-5 查得线宽 b，换算成线条数 $N_0 = 1000/2b$，然后由下式求得待测物镜轴上点的目视分辨率：

$$N = N_0 \frac{f'_c}{f'} (\mathrm{mm}^{-1}) \qquad (7-22)$$

式中：f'_c 为平行光管的焦距；f' 为待测物镜的焦距。

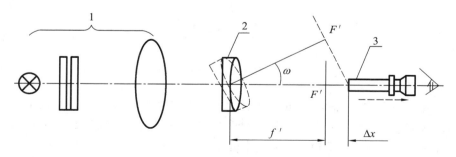

1—带分辨率板的平行光管；2—待测照相物镜；3—观察显微镜

图 7.11　在光具座上测量目视分辨率

在光具座上测轴外点的目视分辨率时，为了确保轴上点、轴外点测量的都是同一像面上的分辨率，须将待测物镜的后节点调到物镜夹持器的转轴上，且当转动物镜夹持器以获

得视场角 ω 的斜光束入射时，观测显微镜也须相应的后移一段距离 Δ_x，由图 7.11 可知，

$$\Delta x = \left(\frac{1}{\cos\omega} - 1\right)f' \tag{7-23}$$

测量时，由于分辨板通过待测物镜后的成像面与其高斯像面之间有倾角 ω，而且像随着视场角 ω 的增大而变大，如图 7.12 所示，故分辨率板上同一单元号的线条宽，对应着轴上点和轴外点的不同 N 值。

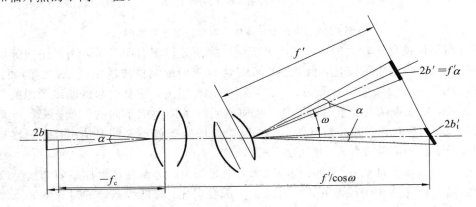

图 7.12　子午面内的线宽 b_t 与线像 b_t' 的关系

通过显微镜观察，找到线条方向垂直子午面(图面)的刚能分辨的单元号和板号，再找到线条方向平行于子午面刚能分辨的单元号和板号，由表 7-5 查得对应的线条宽 b_t 与 b_s，并将其换算为待测物镜像面上对应的线条宽 b_t' 与 b_s'，由图 7.12 可得

$$2b_t' = \left(\frac{f'}{\cos\omega}\alpha\right)\frac{1}{\cos\omega} = 2b_t\frac{f'}{f_c}\frac{1}{\cos^2\omega}$$

$$2b_s' = \frac{f'}{\cos\omega}\alpha = 2b_s\frac{f'}{f_c}\frac{1}{\cos\omega}$$

由轴外点目视分辨率为

$$N_t = \frac{1}{2b_t'} = N_0\frac{f_c'}{f'}\cos^2\omega = N\cos^2\omega \tag{7-24}$$

$$N_s = \frac{1}{2b_s'} = N_0\frac{f_c'}{f'}\cos\omega = N\cos\omega \tag{7-25}$$

测轴外点分辨率时，同一单元的线间距在视场中心外的成像都大于视场中心的像，且子午方向的线间距 $2b_t'$ 要大于弧矢方向的线间距 $2b_s'$。如果观察显微镜垂直于待测物镜的高斯像面，在轴外观测时，将看到分辨率图案像不仅有放大现象，而且还有"拉长"现象。

检测轴外点分辨率时，为使全部成像光束都进入显微镜，要求显微镜的数值孔径必须大于待测物镜像方孔径角 u' 与视场角 ω 之和。实际很难选到数值孔径很大而倍率又不太高的显微物镜。如保持显微镜的观察平面与经待测物镜成的分辨率图案像面一致，则显微镜中看不到图案的"拉长"现象，并且所需的数值孔径也容易满足要求。此时的分辨率仍按式(7-24)和式(7-25)计算。

在光具座上检测分辨率的方法，适用于检测一些精度要求高的照相物镜，例如精密航空摄影系统的物镜、特长焦距照相物镜等。

除上述方法外，对于中等以下焦距和视场的照相物镜的照相分辨率测量常用 SH－01型分辨图案进行。

7.2.5 显微镜分辨率检测

显微镜的分辨率以刚能分辨开的两物点间距 ε 表示。理论分辨率为

$$\varepsilon = \frac{\sigma_0}{\beta} = \frac{0.61\lambda}{NA}$$

式中：NA 为显微镜物镜的数值孔径；β 为显微镜物镜的放大率。

测量显微镜分辨率，常常以各种具有线状微细结构的动植物切片标本或光栅作为被观察物体，标本线纹间距应均匀，并已知数值。测量时，将标本放在载物台上，均匀照明，通过被测显微镜观察，确定刚能分辨的线纹，得到显微镜的分辨率。

测量显微镜分辨率需一整套标本，显微物镜数值孔径在 $0.1 \sim 1.4$ 范围内变化，与此对应，标本线纹间距大体上在 $2.8 \sim 0.2~\mu m$ 范围内变化。

为确保被显微镜分辨的细节也能被人眼所分辨，显微镜的总放大率应满足

$$\Gamma \geqslant \frac{250NA}{0.61\lambda}\delta$$

式中，δ 为人眼的分辨角。

7.2.6 低对比分辨率检测

以上讨论的光学系统分辨率的检测问题，都是以高对比 $K_0 = 1$ 的分辨率图案(通常要求明暗线条光密度差不小于 2)作为目标物进行的，这只反映了光学系统在截止频率附近的像质情况，却不能表明光学系统对低对比目标所成像的分辨率高低。为反映光学系统对低频信息的传输能力，检测多种低对比目标($K_0 < 1$)成像的分辨率是必要的，这样做可比较全面和客观地评价系统的像质。

对于 $K_0 < 1$ 的目标物的衍射分辨率的求法，与 $K_0 = 1$ 时的求法大致相同。当已知目标物的对比度 K_0 时，为求得其像的对比度 $\overline{K}$，需应用以下两原理。

(1)同一空间频率不同亮度的光栅,经光学系统成的像的对比度相同;

(2)对比度 $K_0 < 1$ 的光栅图案，可看做由两个同空间频率、不同亮度且对比度为 1 的光栅，按亮栅条与暗栅条重叠在一起构成。

由此可得出结论：低对比目标的像对比度 $\overline{K}$，可由全对比目标的像对比度 K 与低对比目标对比度 K_0 之积求得，即

$$\overline{K} = K_0 K \tag{7-26}$$

知道像的对比度，再应用式(7-1)，即可求得人眼对比灵敏度 $\overline{K}$。目标物对比度 K_0 与衍射分辨率的关系见表 7-6。

在光具座上做低对比分辨率测量时，可直接用低对比分辨率板进行，但须备有一套具有规定的不同对比度值的低对比分辨率板；也可用光学方法改变分辨率图案的对比度，图7.13 所示为采用偏振光照明方式的低对比图案发生器。

表 7 - 6 低对比度目标的衍射分辨率

K_0	1.0	0.9	0.8	0.7	0.6
望远镜分辨率 α/rad	$\dfrac{1.02\lambda}{D}$	$\dfrac{1.02\lambda}{D}$	$\dfrac{1.03\lambda}{D}$	$\dfrac{1.03\lambda}{D}$	$\dfrac{1.04\lambda}{D}$
照相物镜分辨率 N/mm^{-1}	$\dfrac{1}{1.02\lambda F}$	$\dfrac{1}{1.02\lambda F}$	$\dfrac{1}{1.03\lambda F}$	$\dfrac{1}{1.03\lambda F}$	$\dfrac{1}{1.04\lambda F}$
显微镜分辨率 $\varepsilon/\mu\mathrm{m}$	$\dfrac{0.51\lambda}{NA}$	$\dfrac{0.51\lambda}{NA}$	$\dfrac{0.515\lambda}{NA}$	$\dfrac{0.515\lambda}{NA}$	$\dfrac{0.52\lambda}{NA}$
K_0	0.5	0.4	0.3	0.2	0.1
望远镜分辨率 α/rad	$\dfrac{1.05\lambda}{D}$	$\dfrac{1.07\lambda}{D}$	$\dfrac{1.10\lambda}{D}$	$\dfrac{1.16\lambda}{D}$	$\dfrac{1.28\lambda}{D}$
照相物镜分辨率 N/mm^{-1}	$\dfrac{1}{1.05\lambda F}$	$\dfrac{1}{1.07\lambda F}$	$\dfrac{1}{1.10\lambda F}$	$\dfrac{1}{1.16\lambda F}$	$\dfrac{1}{1.28\lambda F}$
显微镜分辨率 $\varepsilon/\mu\mathrm{m}$	$\dfrac{0.525\lambda}{NA}$	$\dfrac{0.54\lambda}{NA}$	$\dfrac{0.55\lambda}{NA}$	$\dfrac{0.58\lambda}{NA}$	$\dfrac{0.64\lambda}{NA}$

注：道斯判据 $K=2.6\%$

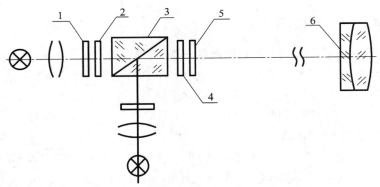

1—起偏器；2—分辨率板；3—分束棱镜；4—检偏器；5—中性滤光片；6—平行光管物镜

图 7.13 低对比图案发生器光路

主光路(装有高对比分辨率板)照明系统中的起偏器，其偏振方向与辅助照明系统的起偏器的偏振方向互相垂直。通过旋转位于分束棱镜后面的检偏器，可连续改变所发出目标的对比度，为调节平行光管物镜所发出目标的总亮度，在检偏器的一侧还可加入不同透射比的中性滤光片。低对比度分辨率的检测方法与高对比分辨率检测类同。

光学系统像质检验与评价的方法除了星点检验和分辨率检验外，还可用哈特曼法、刀口阴影法检测几何像差，用泰曼干涉仪、剪切干涉仪检测波像差，以及第 2 章里讲述的波面相位自动探测技术都可检测和评价光学系统像质。这些方法请大家查阅相关文献，这里不再一一叙述。

本 章 小 结

1. 星点检验法是对光学系统进行像质检验的常用方法之一，至今仍是定性检验法。

2. 点基元观点是进行星点检验的基本依据。星点法主要用于检验望远系统、照相系统、投影系统及显微物镜，尤其适用于小像差系统的检验。

3. 星点检验的装置主要由焦面上装有星孔光阑的平行光管和观察显微镜组成。

4. 星点检验中对平行光管的要求：

（1）平行光管物镜的像质应很好，且其通光口径应大于待测物镜的入瞳直径；

（2）光源应选用发射连续光谱而有足够亮度的灯，如超高压水银灯，汽车灯泡和卤素石英灯等，并用聚光镜照明星孔，以便看清星点像的细节。

5. 星孔直径的选择需满足：$\alpha_{max} = \dfrac{1}{2}\theta_1$。

6. 对观察显微镜的要求：在用显微镜观察星点衍射像时，除要求显微镜像质好外，还要注意合理选择显微镜的数值孔径 NA 及放大率。

7. 了解单独具有某种像差或缺陷的星点衍射像的特征，如共轴性、球差、色差、慧差及像散。

8. 分辨率检测可获得有关待测光学系统像质的信息，它可给出像质的数字指标，且容易测量与比较。

9. 望远系统以物方刚能分辨开的两发光点的角距离 α 表示分辨率；显微系统是以物面处刚能分辨开的两物点间的距离 ε 表示分辨率；照相物镜是以像面上刚能分辨的两衍射斑中心距的倒数（每毫米的线条数）N 表示分辨率。

10. 望远镜分辨率测量的装置主要由平行光管、透镜夹持器和观察显微镜组成。

11. 在光具座上检测照相物镜分辨率的方法，适用于检测一些精度要求高的照相物镜，例如精密航空摄影系统的物镜、特长焦距照相物镜等。

12. 在光具座上做显微镜低对比分辨率测量时，可直接用低对比分辨率板进行，但须备有一套具有规定的不同对比度值的低对比分辨率板；也可用光学方法改变分辨率图案的对比度。

思考题与习题

1. 用 $f'_c = 1000$ mm，$D_c = 100$ mm 的平行光管，以星点法检验一支 $f' = 360$ mm，$D/f' = 1/4.5$ 的物镜，问：（1）星孔直径应选多大？（2）观察显微镜放大倍率 Γ_M 及物镜放大倍率 β 各依据什么选取？应选多大？

2. 星点检验中，哪些像差或缺陷是灵敏的，哪些不够灵敏？为什么？

3. 用星点法检验正透镜，分析焦前、后截面处星点衍射图的光强分布特点。

4. 对一投影物镜进行星点检验，其数值孔径 $n\sin u = 0.02$，物距 $l = 600$ mm，像距 $l' = 60$ mm。

（1）请画出星点检验的光路原理图；

（2）如何选取星孔尺寸及观察显微镜的参数？

5．一台天文望远镜要分辨开角间隔为 $0.05''$ 的一对双星，问：（1）需要多大口径的望远镜才能分辨它们？（2）此望远镜的放大率应设计多大才比较合理？（3）通过望远镜观察星体的主观亮度有没有提高？提高多少？

6．一架像差校正完好的航空摄相机，在 20 km 的高空拍摄地面目标时，要求能分辨地面上相距 0.1 m 的两点，问该相机的通光孔径至少应取多少？

7．为用显微镜观察直径为 1 μm 的卤化银颗粒，问显微镜的放大倍率及物镜的数值孔径应如何选取？

8．一制版照相物镜，其 $D/f'=1/3.5$，工作波长为 546.1 nm，若检测此物镜的轴上点分辨率，问：（1）观察显微镜的放大倍率如何选取？若 $\alpha=2'$，则放大倍率至少应选多大？（2）若现有 $\beta=3^\times$，NA=0.1；$\beta=6^\times$，NA=0.15；$\beta=10^\times$，NA=0.25 的显微物镜，以及 $f'_e=30$ mm，$f'_e=40$ mm 的目镜，如何组成满足检测要求的显微镜？

光学测量实验

实验一 平行光管调校

一、实验目的

（1）了解自准直法、五棱镜法调校平行光管的原理，并掌握其调校方法；
（2）分析两种方法的调校误差，并总结各自的特点。

二、实验要求及所用器具

（1）把待校平行光管的分划面校到其物镜的焦面上，并给出调校精度。
（2）所用器具：装有十字丝分划板的焦距为 550 mm 的待校平行光管、高斯式自准直目镜、可调的标准平面反射镜（其有效孔径要大于平行光管物镜通光孔径）、五棱镜及载物台、适当倍率的前置镜。

三、实验原理及方法

1. 自准直法

自准直法调校平行光管的原理图如实验图 1.1 所示。

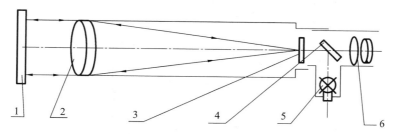

1—标准平面反射镜；2—平行光管物镜；3—平行光管分划板；4—析光镜；5—光源；6—自准直目镜透镜

实验图 1.1　自准直法调校平行光管的原理图

若忽略平行光管的像差和光的波动性影响，当分划面位于物镜焦面处时，则由平面反射镜自准回来的分划像与分划均重合于物镜焦面处。若分划面离开物镜焦面一小距离（离焦量），则由平面反射镜反射回来的自准分划像将位于焦面另一侧，并且分划像离焦面的距离近似等于离焦量，即分划像至分划间的距离是离焦量的两倍。故利用自准直法可使调焦精度提高一倍。

自准直法调校平行光管的步骤如下：

（1）将装有十字分划板的待测平行光管、标准平面反射镜及高斯式自准直目镜按实验图 1.1 自准光路摆好，并调出自准分划像。

（2）当用清晰度法调准时，调到使自准分划像与分划同样清晰时，则认为平行光管已调好。

（3）如以消视差法调焦，即通过眼瞳在出瞳面处横向摆动，由分划像相对分划是否存在横向错动（有无视差），来判定分划面是否位于物镜焦面处。若分划像错动方向与眼瞳摆动同向，则表明分划像比分划离眼瞳更远些，即分划像位于焦点之内，而分划面必然位于焦点之外。反之，若分划像错动方向与眼瞳摆动反向，则分划面位于焦内。然后，按照判定的分划面调整方向，微调分划板镜框，直至分划像与分划间消视差为止。反复调校几次，调好后再拧紧分划板的压圈，此时表明平行光管已调好。

2. 五棱镜法

理想的五棱镜有如下特点：在五棱镜的入射光轴截面内，不同方向入射的光线经五棱镜后，其出射光束相对入射光束折转 90°。五棱镜法即是利用了这一特点来对平行光管进行调校的。调校原理如实验图 1.2 所示。

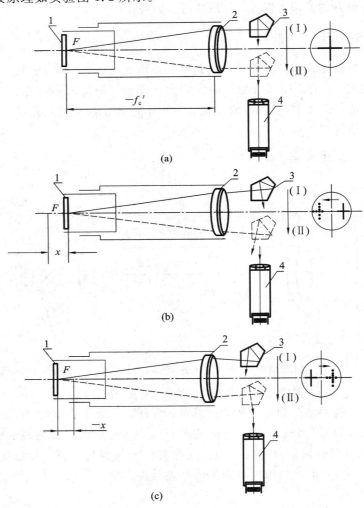

1—平行光管分划板；2—平行光管物镜；3—五棱镜；4—前置镜

实验图 1.2　五棱镜法调校平行光管的原理图

将五棱镜3放置在平行光管物镜前的载物台上，五棱镜可沿垂直于平行光管光轴方向平稳地移动。沿五棱镜出射光束方向放置前置镜4（自准直望远镜），用以观察平行光管的分划像。若分划位于平行光管焦面上，则由平行光管物镜射出一束平行光。当五棱镜沿垂直于平行光管光轴方向，由位置（Ⅰ）向位置（Ⅱ）移动时，平行光管分划经前置镜所成的分划像将不产生任何横向移动，如实验图1.2(a)所示。若分划面1不位于平行光管物镜焦面上，则随着五棱镜由位置（Ⅰ）向位置（Ⅱ）移动时，前置镜中形成的分划像将产生左右方向的横向移动，如实验图1.2(b)、(c)所示。利用这一现象可将平行光管分划面准确调到焦面位置。

五棱镜法调校平行光管的步骤如下：

（1）将五棱镜放置在可沿垂直物镜光轴方向移动的载物台上，并使五棱镜的入射面对向平行光管物镜，其出射面对向前置镜。调整载物台的高低位置，并调前置镜的俯仰手轮和方位手轮，使分划像呈现于前置镜视场中，将使平行光管的竖线分划像与前置镜相应分划对准（若两分划均为竖线，则应利用两者间的横向微小间隙的变化进行对准，以提高调校精度）。

（2）转动载物台的手轮，使其上的五棱镜沿垂直于平行光管物镜光轴的方向，向着前置镜移动。若在前置镜中形成的平行光管的分划像由右向左移动，表明分划面位于焦前，如实验图1.2(b)所示；反之，分划面在焦后，如实验图1.2(c)所示。

（3）松开分划板镜框压圈，按步骤（2）确定的分划面移动方向，沿轴向微调分划板框，直至五棱镜移动时，平行光管的分划像相对前置镜分划不发生横向移动（或两者间的微小间隙宽度不再变化），则表明分划面已准确位于平行光管物镜焦面上了。

（4）调好后，拧紧分划镜框的压圈。

四、调校误差分析

1. 自准直法的调校误差

（1）当以清晰度为准进行自准直法调校时，平行光管的调校极限误差为

$$\Delta SD_1 = \frac{1}{2}\left[\left(\frac{0.29\alpha_e}{D\Gamma}\right)^2 + \left(\frac{8\lambda}{KD^2}\right)^2\right]^{\frac{1}{2}} (m^{-1}) \tag{1}$$

式中：α_e 为人眼的极限分辨角（单位为角分）；K 为系数，一般取6；λ 为波长，单位为微米；Γ 为平行光管与自准目镜组成的自准直望远镜的视放大率；D 为平行光管物镜的实际通光孔径。

当眼瞳直径 D_e 大于自准直望远镜的出瞳直径 D' 时，D 取平行光管物镜通光孔径；当 D_e 小于 D' 时，应以 ΓD_e 替代式中的 D。

如考虑标准平面反射镜在口径 D 范围内的面形误差为 N 个光圈，由此引入的调校误差为

$$\Delta SD_2 = \frac{4N\lambda}{D^2} (m^{-1}) \tag{2}$$

则平行光管的调校极限误差为

$$\Delta SD = \Delta SD_1 + \Delta SD_2 (m^{-1}) \tag{3}$$

（2）当以消视差为准进行自准直调校时，平行光管的调校极限误差为

$$\Delta SD_1 = \frac{0.29\delta}{\varGamma \left(D - \frac{\varGamma D_e}{2} \right)} (m^{-1}) \tag{4}$$

式中，δ 为人眼的对准误差(单位为角分)。

同样，如考虑平面反射镜的面形误差，引入的调校误差 ΔSD_2 可由调校极限误差参考式(3)求得。

2. 五棱镜法的调校误差

五棱镜法的实质是将纵向调校变为对人眼较灵敏的横向对准，故与消视差为准的调校误差相当，主要是由前置镜的横向对准误差确定，所不同的是，该法是由五棱镜在平行光管物镜前沿垂直光轴方向移动，替代了眼瞳在出瞳面内的摆动。故参看式(4)可得五棱镜法的调校极限误差为

$$\delta_M = \frac{0.29\delta}{\varGamma (D - D_w)} (m^{-1}) \tag{5}$$

式中：$\varGamma$ 为前置镜的视放大率；δ 为人眼对准误差(单位为角分)；D 为平行光管物镜的实际通光孔径；D_w 为五棱镜通光口径。

分析式(5)可知，当 $D_w \approx 0.5D$，且选择最好的对准方式时，可使五棱镜法达最高调校精度。本法最适于较大口径的平行光管调校。

实验二　　Ｖ棱镜折光仪测量折射率和色散

一、实验目的

(1) 掌握 V 棱镜法测量光学玻璃折射率与色散的原理及其测量方法。

(2) 熟悉 V 棱镜折光仪的结构与操作方法，了解影响测量精度的诸因素。

二、实验要求及所用器具

(1) 用 WYV 型 V 棱镜折光仪分别测光学玻璃对 D、C、F、e、g、h 谱线的折射率，并求得色散值。

(2) 所用器具：WYV 型 V 棱镜折光仪、钠灯、汞灯、氢灯、待测玻璃试样、折射浸液等。

三、实验原理及方法

1. 测量原理

V 棱镜法测量折射率的原理如实验图 2.1 所示。V 棱镜就是一块带有"V"形缺口的组合棱镜，它由两块材料性能完全相同的直角棱镜胶合而成。V 棱镜的材料 n_v 是已知的。V 形缺口的张角 $\angle AED$ 为 $90°$，两个棱角 $\angle A$、$\angle D$ 均为 $45°$。

待测试样应磨出两个互成 $90°$ 的平面，置于 V 形缺口内，为使两者的表面很好地贴合，其间加入少量的与试样折射率大致相同的折射浸液。

单色平行光垂直 AB 面射入，经 V 棱镜和试样，最后从 CD 面射出，若待测试样折射率 n 与 n_v 相同，则入射的单色平行光将不发生任何偏折地从 CD 面射出，此时仪器的度盘

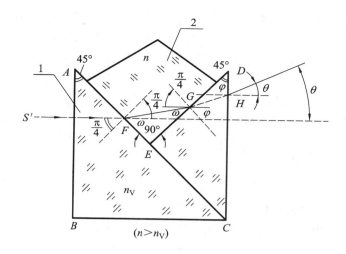

1—V棱镜；2—待测试样

实验图 2.1　V棱镜法测折射率原理图

有一零位读数。若 $n \neq n_V$，出射光线相对于入射光线将有偏角 θ。显然 θ 角的大小、正负与 n 有关。测量出 θ 角，则待测试样在测量条件下对某一波长的折射率为

$$n = \left(n_V^2 \pm \sin\theta \sqrt{n_V^2 - \sin^2\theta} \right)^{\frac{1}{2}} \tag{6}$$

当 $n > n_V$ 时，出射光线向上偏折，取"＋"号，θ 角由度盘的 $0° \sim 30°$ 范围读值；当 $n < n_V$ 时，出射光线向下偏折，取"－"号，θ 角由度盘的 $360° \sim 330°$ 范围读值。

2. V 棱镜折光仪简介

按上述原理制成的专用仪器称为 V 棱镜折光仪，如实验图 2.2 所示，主要由准直系统 1、对准望远镜 2 和精密测角系统 3 组成。

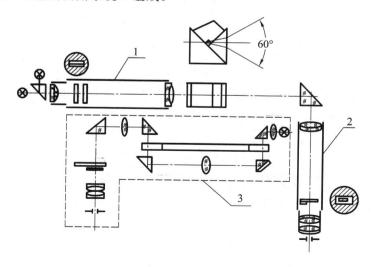

1—准直系统；2—对准望远镜；3—精密测角系统

实验图 2.2　V棱镜折光仪光学系统略图

准直系统由平行光管及照明装置组成，以给出垂直射向 V 棱镜的单色平行光，其分划线（单线）平行于 V 棱镜缺口底棱。对准望远镜可绕盘主轴转动，以便确定透过 V 棱镜的光束方向。为减少杂光，准直系统的分划选用狭缝方式照明细丝；为确保系统对各单色光均有良好的像质，准直物镜和望远物镜均采用复消色差物镜。

精密测角系统由度盘及其照明系统和读数显微镜组成。由于对准望远镜在瞄准时带动度盘一道转动，故通过读数显微镜可读得偏折角 θ 值。其中"度"、"分"由度盘直接读得，小数部分由测微尺读出，仪器最小格值为 0.05 分。为扩大仪器的测量范围，仪器附有三块不同折射率的 V 棱镜供选用。

3．测量方法

（1）制备试样：两直角面细磨或抛光，直角误差 < 1'。

（2）制备折射浸液，其折射率 n_z 与待测试样折射率 n 之差控制在 0.01 范围内。

（3）依据被测样品折射率选定 V 棱镜，使 $|n - n_V| \leqslant 0.2$。

（4）校零位读数：将校正零位用的标准玻璃块涂以相应的折射液后，放入 V 棱镜的 V 槽内，并注意排除其间气泡。用对准望远镜的双线对准平行光管的单线像。此时读数应校成 0°0.00'。如校后仍有余数，则以该数作为零位读数。更换 V 棱镜或改变单色光的波长时均需校零位。

（5）取下标准块，仿上述办法放入试样，重新对准读数五次。各数经零位修正后，再求平均值，即得被测试样对某一谱线的偏角 θ_λ，依次测得试样对 D、C、F、e、g、h 谱线的偏折角。按照实验表 2-1 进行记录。

实验表 2-1　V 棱镜法测量玻璃折射率的数据记录表

V 棱镜编号：n_{VD} _____		n_{VC} _____		n_{VF} _____	
n_{Ve} _____		n_{Vg} _____		n_{Vh} _____	
被测试样编号：NO _____			浸液折射率 n_{ZD} _____		
零位读数					
复测次数	θ_D	θ_C	θ_F	θ_e	θ_g	θ_h
1						
2						
3						
4						
5						
平均值 θ_λ						

（6）由平均值 θ_λ 查 $\theta_\lambda - (n - n_V)_\lambda$ 或代入式（6），即得到待测试样对各单色光的折射率，并求得色散值。

四、测量误差分析

折射率的测量标准偏差为

$$\sigma_n = \left[\left(\frac{\partial n}{\partial n_V} \right)^2 \sigma_{n_V}^2 + \left(\frac{\partial n}{\partial \theta} \right)^2 \sigma_\theta^2 \right]^{\frac{1}{2}} \tag{7}$$

式中：σ_{n_V} 为 V 棱镜的折射率 n_V 的标准偏差；σ_θ 为偏折角 θ 的测量标准偏差。

式(7)中的微商可由式(6)求得

$$\frac{\partial n}{\partial n_V} = \frac{n_V}{n}\left[1 \pm \frac{\sin^2\theta}{2(n^2 - n_V^2)}\right]$$

$$\frac{\partial n}{\partial \theta} = \pm \frac{\sin 2\theta (n_V^2 - 2\sin^2\theta)}{4n(n^2 - n_V^2)}$$

偏折角 θ 的测量标准偏差包括下述三个因素：对准望远镜的单次对准标准偏差 σ_1、度盘刻线的标准偏差 σ_2 以及读数显微镜的读数标准偏差 σ_3。在测角 θ 时，需要两次对准和两次读数，故角 θ 的测量标准偏差为

$$\sigma_\theta = (2\sigma_1^2 + \sigma_2^2 + 2\sigma_3^2)^{\frac{1}{2}}$$

σ_{n_V} 通常是用精密测角仪以最小偏向角法测得的，一般不大于 5×10^{-6}，而 σ_θ 一般可控制在 1.5×10^{-5} 弧度范围内，对应的 σ_n 可达到 $(1 \sim 2) \times 10^{-5}$，这满足一般的折射率测量精度要求。

按我国无色光学玻璃的国家标准规定，每种玻璃应给出 7 种光谱线的折射率。实验表 2-2 列出了 7 种谱线的波长、符号及产生这些谱线的元素灯，实验表 2-3 列出了常用折射液的折射率及色散值。

实验表 2-2　7 种谱线的波长、符号及产生这些谱线的元素灯

谱线符号	波长/nm	元素灯	备　注
h	404.7	汞(Hg)灯	当元素灯同时发出几条光谱线时，为得到某一波长的谱线，需配用相应波长的滤光片
g	435.8	汞(Hg)灯	
F	486.1	氢(H)灯	
e	546.1	汞(Hg)灯	
D	589.3	钠(Na)灯	
C	656.3	氢(H)灯	
A	766.5	钾(K)灯	

实验表 2-3　常用折射液的折射率和色散

液体名称	n_D	$n_F - n_C$
煤　油 *	1.446	0.0088
液体石腊	1.480	0.0086
丁香油	1.533	0.0174
三溴甲烷	1.593	0.0181
碘苯	1.620	0.0253
α-溴代萘 *	1.656	0.0320
α-碘代萘 *	1.705	0.0375
二碘甲烷	1.741	0.0375
二碘甲烷加硫磺的饱和液	1.787	0.0423
溴化硒	1.960	

注：* 表示常用的。

实验三 光学零件曲率半径测量

一、实验目的

(1) 掌握机械法与自准显微镜法测量球面曲率半径的原理和方法。

(2) 熟悉钢珠式环形球径仪和 3C 型自准球径仪的结构特征及其测量范围。

(3) 了解影响两种方法测量精度的主要因素，并能正确地给出测量误差。

二、实验内容及所用器具

(1) 用钢珠式环形球径仪分别测量凸、凹球面的曲率半径。

(2) 用 3C 型自准球径仪分别测量凸、凹球面的曲率半径。

(3) 所用器具：钢珠式环形球径仪，3C 型自准球径仪，平晶，待测凸、凹球面光学零件。

三、实验原理及方法

1. 环形球径仪测量曲率半径的原理和方法

1) 环形球径仪的测量原理

钢珠式环形球径仪测量曲率半径是通过测量球面某一特定弦所对应的矢高，间接测得该球面的曲率半径的。由实验图 3.1(a)、(b)所示的几何关系可得

$$R = \frac{r^2 + h^2}{2h} \pm \rho \tag{8}$$

式中，r 为三个钢珠中心所确定的测量环半径；h 为三个钢珠顶点所确定的平面至球面顶点的距离；ρ 为钢珠半径。

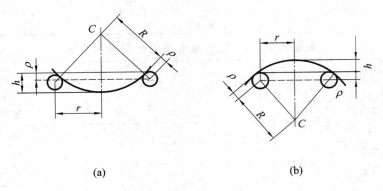

(a)   (b)

实验图 3.1 环形球径仪测量曲率半径原理图

当待测面为凹面时取"＋"，为凸面时取"－"。

改用普通尖棱式测量环时，只要令式(8)中 $\rho=0$，便可计算曲率半径 R。

如测成对球面样板的曲率半径，可不用平晶，而直接测钢珠所截得的两球冠的矢高之和 H 来精确求得 R 值，即

$$R = \frac{r_0^2}{H} + \frac{H}{4} \tag{9}$$

式中，$r_0 = r + \dfrac{\rho^2 r}{2(R_0^2 - r^2)}$，其中 R_0 为样板的名义半径。

2）仪器简介

现以 JGQ—1 型钢珠式环形球径仪为例，其结构原理如实验图 3.2 所示。仪器主要由测量环 1、测量杆系统 2 和读数显微镜 3 组成。

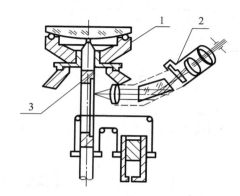

1—测量环；2—测量杆系统；3—读数显微镜

实验图 3.2　JGQ—1 型球径仪结构原理图

测量环可给出准确的 r、ρ 值，并可确定 h 的零位读数。借助测量杆系统和读数显微镜可精确测出矢高 h 值。为确保曲率半径测量精度，仪器备有 7～9 个测量环供选用。

环形球径仪测量曲率半径范围为 5～1200 mm，依据测量段的不同，曲率半径的极限相对误差 $\Delta R/R$ 为 $\pm 0.03\%$～$\pm 0.06\%$。

3）测量方法

首先根据待测件的口径，选择半径尽量大的测量环装到环座上，并以平面样板确定测量杆的零位读数。

再转动手柄使测量杆下移，拿掉平面样板，将擦拭干净的待测件放到测量环上。使测量杆刚好与待测面顶点接触，由读数显微镜读得测量杆的第二位置读数，则测量杆的两位置读数之差即为对应的矢高值。最后按相应公式算出 R 和 σ_R 值。

2. 自准球径仪测量曲率半径的原理和方法

1）测量原理

自准球径仪测量凹球面曲率半径的原理如实验图 3.3 所示。

自准球径仪的核心部分是自准显微镜。利用自准显微镜分别对待测球面的球心 C 和顶点 A 进行自准直调校（可由自准分划像清晰无视差地成在分划处判定）。

借助投影测长机构测出两次调校时自准显微镜（或待测球面）沿轴移动的距离，即为待测球面的曲率半径。

在实际测量中，为了获得尽可能高的测量精度，仪器备有一套不同放大率的物镜供选用。

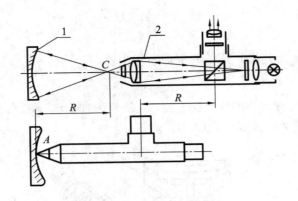

1—待测球面；2—自准显微镜

实验图 3.3　自准球径仪测曲率半径的原理

国产 3C 型自准球径仪结构如实验图 3.4 所示，主要由测量座、夹持器组件以及底座等三大部分组成。

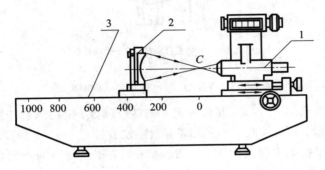

1—测量座；2—夹持器组件；3—底座

实验图 3.4　自准球径仪结构示意图

测量座由可沿底座导轨方向移动的上、下滑板，自准显微镜，200 mm 长精密玻璃刻尺以及投影读数器组成。借助手轮，自准显微镜能沿光轴方向进行粗动和微调，其位置可由玻璃刻尺经投影读数器（最小格值 0.001 mm）测得。夹持器可依据待测面曲率半径的名义值，沿导轨床面定位在某一刻线标志处。

夹持器用于装卡和调整待测光学件。转动其上的两调节螺母，即可使待测球面分别沿水平和垂直方向做倾斜微调，以将球心准确调到显微镜瞄准轴线上。

2）测量步骤

由待测球面的口径、曲率半径尺寸及要求的精度选用适当倍率的显微镜。仪器备有 $4^\times$、$10^\times$ 和 $40^\times$ 物镜供选用。

由待测球面曲率半径名义值，将夹持器沿导轨床面装定到需要的刻线标志位置。

将待测件装卡到夹持器上。轴向微动测量座并微调待测件，使自准显微镜的目镜视场中观察到过球心的清晰且无视差的自准像。在投影读数器读得对应球心的位置读数 x_1。

移动测量座，使自准显微镜对待测面顶点调校，直至目镜视场中再次看到清晰无视差的自准像。读得对应球面顶点的位置读数 x_1，则被测面的曲率半径 R 应为

$$R = x_2 - x_1 + x_0 \tag{10}$$

式中，x_0 为夹持器装定位置的刻线标志读数（0、200、400、600、……）。

测凸球面曲率半径的步骤也大致类同，只是所测半径范围受到显微镜工作距限制。

四、测量误差

1. 钢珠式球径仪测量曲率半径的误差

先求矢高 h 的测量标准偏差

$$\sigma_h = \pm \sqrt{\sigma_{h1}^2 + 2\sigma_{h2}^2 + 2\sigma_{h3}^2} \tag{11}$$

其中：σ_{h1} 表示玻璃刻度尺分划修正后，因刻度值误差而引入的矢高误差（0.5 μm）；σ_{h2} 表示由测微目镜的螺旋分划板的螺距误差所引起的读数误差；σ_{h3} 表示因显微镜对准引入的读数误差。

钢珠式球径仪测量曲率半径的标准偏差为

$$\sigma_R = \sqrt{\left(\frac{r}{h}\right)^2 \sigma_r^2 + \left(\frac{h^2 - r^2}{2h^2}\right) \sigma_h^2 + \sigma_\rho^2} \tag{12}$$

式中：σ_r 表示 r 的测量标准偏差，$\sigma_r = 1$ μm；σ_ρ 表示钢珠 ρ 的测量标准偏差，$\sigma_\rho = 0.5$ μm。

2. 自准球径仪测量曲率半径的标准偏差为

$$\sigma_\rho = \sqrt{\sigma_1^2 + \sigma_2^2 + \sigma_3^2 + \sigma_4^2} \tag{13}$$

式中：σ_1 为夹持器的定位误差；σ_2 为投影读数器的读数标准偏差；σ_3 为自准显微镜的两次调校误差；σ_4 为玻璃刻尺的刻线标准偏差。

实验四 放大率法测量焦距和顶焦距

一、实验目的

（1）掌握放大率法测正、负透镜焦距的基本原理。

（2）熟悉焦距仪的基本结构，并掌握焦距的测量技术。

二、实验内容及所用器具

（1）检校显微物镜实际放大倍率。

（2）分别测量正透镜、负透镜的焦距与截距，并要求给出正确的测试结果。

（3）所用器具：焦距仪（或光具座）及相应附件，待测的正、负透镜。

三、实验原理及方法

1. 测量原理

放大倍率法测量正透镜焦距的原理如实验图 4.1 所示。待测物镜 2 置于平行光管物镜之前。若平行光管物镜焦面处的玻罗板线对间距为 y，则在待测透镜焦面上成像为 y'，如果用测量显微镜 3 测得 y' 的像 $y'' = \beta y'$（β 为显微物镜放大率），则由下式可求得待测物镜的焦距：

$$f' = \frac{y''}{\beta y} f_c \tag{14}$$

式中：f_c' 为平行光管物镜焦距；y'' 为测微目镜测得的 $\beta y'$ 值。

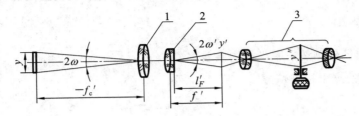

1—平行光管物镜；2—待测物镜；3—测量显微镜

实验图 4.1　测正透镜焦距的原理图

放大倍率法测量负透镜焦距的原理如实验图 4.2 所示，相应的焦距计算公式为

$$f' = \frac{y''}{\beta y}(-f_c') \tag{15}$$

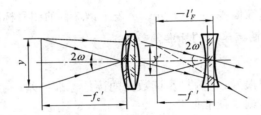

实验图 4.2　测负透镜焦距的原理图

必须指出，由于负透镜成虚像 y'，为用测量显微镜看清该像，显微物镜的工作距离一定要大于负透镜的后顶焦距。同样地，依次调校显微镜，从看清 y' 到看清后表面顶点，显微镜轴向移动距离就是后顶焦距 l_F' 值。

2. 焦距仪简介

焦距仪结构简图如实验图 4.3 所示。它主要由平行光管、透镜夹持器、测量显微镜及导轨组成。平行光管给出准确的焦距 f_c' 及玻罗板的线对间距 y 值。

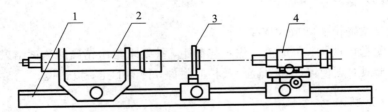

1—导轨；2—平行光管；3—透镜夹持器；4—测量显微镜

实验图 4.3　焦距仪结构简图

透镜夹持器用于装卡调整待测透镜。夹持器可沿导轨移动，也可绕垂直轴做水平方向的摆动和做高低微调。

测量显微镜装在支座上，并可相对平行光管光轴做纵向和横向、高低向调节，测量显微镜还能绕竖轴做水平方向摆动，微调，以及绕自身光轴转动，整个支座可沿导轨移动。

3. 测量方法

（1）将待校显微镜拧到镜筒上。在物镜前放玻罗板（或标准刻尺），使测量显微镜对玻罗板的线对 y 调校，直至视场中刻尺清晰地成像，并测出像 y' 的大小，则显微物镜的实际放大率 $\beta = y'/y$。

（2）将待测透镜装到夹持器上，并调整其光轴与平行光管、显微镜光轴一致。

（3）微调显微镜，使刻线像清晰无视差地成在测微目镜分划板上，并测得 y'' 值。代入式（14）求出透镜焦距。

（4）记下此时显微镜的轴向位置，再使显微物镜调校到待测物镜后表面顶点处，显微镜轴向移动距离即为被测物镜后顶焦距。将物镜转 $180°$，用与测后顶焦距类似的方法，可测透镜的前顶焦距。

四、测量误差

放大率法测焦距的相对误差为

$$\frac{\sigma_{f'}}{f'} = \sqrt{\left(\frac{\sigma_{f'_c}}{f_c}\right)^2 + \left(\frac{\sigma_y}{y}\right)^2 + \left(\frac{\sigma_{y''}}{y''}\right)^2 + \left(\frac{\sigma_\beta}{\beta}\right)^2} \tag{16}$$

式中，σ_{f_c}、σ_y、$\sigma_{y''}$ 和 σ_β 分别为 f'_c、y、y'' 和 β 的标准偏差。

在待测透镜像质良好，检测时显微物镜实际利用的数值孔径不过小的情况下，$\sigma_{f'}/f'$ 不超过 0.3%。

测量负透镜的焦距时，因所选显微物镜的倍率小，又测得的只是近轴光束的焦距，故负透镜焦距的测量误差较大，可达 0.5% 左右。

测量顶焦距的误差包括显微镜的位置读数误差和显微镜的两次调校误差，因透镜不同，测量误差从零点几毫米到 1 毫米不等。

为了达到预期的测量精度，实验中还应注意以下几点：

（1）待测透镜的测试状态尽量与使用状态一致或相近。

（2）平行光管、待测物镜和测量显微镜三光轴应调重合。

（3）平行光管焦距最好为待测透镜焦距的 2 倍以上，显微物镜的数值孔径大于待测透镜的像方孔径角。

（4）要测的玻罗板分划像在显微镜视场中应对称分布，且位于带视场附近为好。

实验五 激光球面干涉仪检测面形偏差

一、实验目的

（1）熟悉激光球面干涉仪的工作原理与调试方法。

（2）能用激光球面干涉仪检测球面的面形偏差。

二、实验内容及所用器具

(1) 测出球面的实际曲率半径，并与要求的曲率半径比较，求得 ΔR 值，将 ΔR 换算成相应的光圈数 N。

(2) 检测球面的局部偏差 ΔN，并判别其性质。

(3) 所用器具：国产 QGY－1 型激光球面干涉仪（或类似装置）、待测球面镜。

三、实验原理及方法

1. 实验原理

QGY－1 型激光球面干涉仪属斐索型球面干涉仪，其光路原理如实验图 5.1 所示。

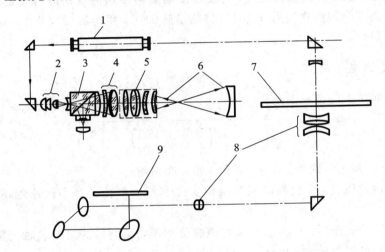

1—He-Ne激光器；2—聚光镜；3—分束棱镜；4—准直物镜组；

5—标准物镜组；6—待测件；7—精密刻尺；8—100×投影系统；9—投影屏

实验图 5.1 QGY－1 型激光球面干涉仪光路原理

仪器主要由干涉系统和投影读数系统两大部分组成。

(1) 干涉系统：由 He－Ne 激光器射出一束激光依次经聚光镜、分束棱镜及准直物镜组后变成平行光束，此光束经标准物镜组折射，最后沿其标准面法线方向射出，则由标准面自准回去的波面为参考波面。调待测面，使其曲率中心刚好与标准面射出光线同心，由待测面自准回去的光束形成测试波面，此波面与参考波面相干，在视场中形成等厚干涉条纹。

(2) 投影读数系统：由精密刻尺、100×投影系统和投影屏组成，用于测量待测面的移动距离，从而精确测得待测面的曲率半径 R。

2. 检测方法

在球面干涉仪上测待测面的曲率半径，原则上是测镜面的球心至顶点间的距离，故根据待测面的口径比 D/R 及 R 名义值，选取合适的标准物镜组，并以干涉场中条纹变直，确定其球心位置；待测面顶点位置可用顶点与标准面球心重合时产生的直条纹确定，或由标准面顶点与待测面顶点接触来确定，从而求得半径差 ΔR 或光圈数 N。

ΔN 的检测：当待测面存在局部偏差或带区误差时，视场内将不能调出完全直的干涉条纹，故需依据条纹弯曲的部位、所占范围及弯曲程度，判断局部偏差的大小，再由待测面逐渐移离标准面时，干涉条纹各处的变直过程，即各局部偏差的曲率中心依什么次序"走过"标准面球心，确定其性质。例如：常见的边翘、中心凸的凹表面，如实验图 5.2 所示。

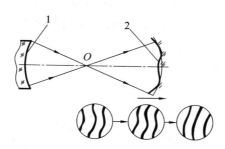

1—标准面；2—待测面

实验图 5.2　存在带区误差的凹球面移动时条纹变化的过程

当沿剪头方向拉开待测面时，则依次看到条纹由边缘直，逐渐向带区及中心处变直。采用类似的分析方法，可得其它面形偏差。

四、激光球面干涉仪检测精度的某些考虑

测球面的局部偏差的检测精度由两个因素决定：一是标准面射出光束的残存波差，分析表明，当此波差不超过 $\lambda/4$ 时，对检测结果的影响可忽略；二是标准面自身的局部偏差可部分或全部地反映到条纹变形中去（由实际利用的标准面口径而定），故应严格控制到 $\lambda/20$ 以内。

ΔR 的检测精度由精密刻尺的刻划误差、投影读数的对准误差与示值误差、标准面曲率半径 R_0 的标定误差及干涉仪的瞄准定位误差等因素决定。进一步分析表明，当标准面实际使用的包容角较小时，R_0 的标定误差及瞄准定位误差起主要作用；当包容角较大时，上述诸因素对测量精度的影响大致相当。仪器可满足一级对板的检测精度要求。

实验六　望远镜的视度与视差检测

一、实验目的

（1）深入理解望远镜的视度和视差的概念，以及两者的关系。
（2）掌握视度、视差的基本检测方法。

二、实验内容及所用器具

（1）以普通视度筒和大量程视度筒检测望远镜各视度的装定值。
（2）检测望远镜的视差值。

（3）所用器具：平行光管、待测望远镜、普通视度筒、大量程视度筒和可调支架。

三、实验原理及方法

1. 视度的检测原理和方法

为适应正常人眼、近视眼、远视眼的观察需要，望远镜射出光束的发散会聚度须能调节，这种调节能力称为视度调节，并常通过轴向移动目镜的方法来实现。视度检测是指目镜调到视度分划圈的某一值时，检测其指示值与实际值的符合程度，看是否满足规定的要求。

检测视度的光路原理图如实验图 6.1 的所示。

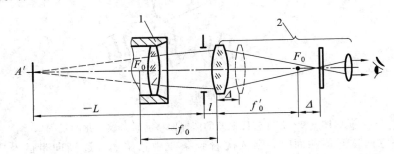

1—待测望远镜的目镜；2—视度筒

实验图 6.1　视度筒检测视度的光路原理图

由于待测望远镜存在视度，则由目镜射出的光束相当由距出瞳 $-L$ 的点 A' 发出的光束，故视度筒物镜须沿轴前移 Δ，与待测视度 SD 关系为

$$\Delta = -\frac{f_0'^2}{L + f_0'} = -\frac{f_0'^2}{\dfrac{1000}{SD} + f_0'} \tag{17}$$

式中，f_0' 为视度筒物镜焦距。

按上述关系将 Δ 换算成 SD 刻在视度筒窗口处，即可直接测视度值。普通视度筒的视度测量范围为 $\pm1.5 \sim \pm2.5$ 屈光度。要测更大范围的视度，可用大量程视度筒，它由普通视度筒加视度透镜组成。视度透镜的视度 SD_0 用于抵消待测视度 SD 的大部分，使余下视度 SD 由普通视度筒测量。

视度检测方法：先使视度筒物镜调到零位，并直接对向平行光管。调目镜视度，使人眼清晰地看到平行光管分划像与视度筒分划线。将待测望远镜置入实验图 6.2 所示的检测光路中，并大致调整轴，再将视度对到要测的零位分划处，然后轴向移动视度筒物镜，使视场中视度筒分划和平行光管分划像同样清晰或消视差。记下视度筒测得的零位视度值，再依次将目镜视度对到要测的分划处，用同样的方法可测得各分划的实际视度值。

对需大量程视度筒检测的视度，可在普通视度筒前方套上所选定的视度透镜，并使其物方主面大致与望远镜出瞳重合。用类似的方法，可测出各视度分划处的实际视度值。

2. 视差的检测原理及方法

目视望远系统因分划面与物像不重合，而使人眼在出瞳面不同处看到两者产生错动的

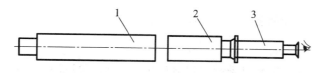

1—平行光管；2—待检望远系统；3—视度筒

实验图 6.2　检视度时的框图

现象称为视差，故视差会引起望远镜的瞄准误差。视差常以视差角或视度之差表示。视差以望远镜物方视差角 ε 表示时，有

$$\varepsilon = \frac{bD'}{f'_0 f'_e} \times 3438'　　　　　　　(18)$$

式中：D' 为望远镜的出瞳；b 为分划面离开物像的距离；f'_0 为望远镜的焦距；f'_e 为目镜的焦距。

视差以分划与物像在望远镜像方对应的视度之差表示，则有

$$\Delta\mathrm{SD} = -\frac{1000b}{f'_e}　　　　　　　(19)$$

式中，$\Delta\mathrm{SD}$ 的单位为屈光度。

望远系统视差的公差可参看实验表 6-1 和实验表 6-2。

实验表 6-1　望远系统视差角 ε 的公差

待测系统类型	ε_{max}
高精度大倍率望远系统	$<1'$
一般瞄准望远系统	$<2'$
一般观察望远系统	$<3'$

实验表 6-2　望远系统视度差 $\Delta\mathrm{SD}$ 的公差

出瞳直径 D'/mm	1~2	2~3	3~4	4~5	>5
$\Delta\mathrm{SD}_{max}/\mathrm{m}^{-1}$	0.7	0.5	0.4	0.3	0.25

视差常见的检测方法是在仪器出瞳处分别测出分划与物像的视度值，两者之差即表示待测望远镜的视差。显然 $\Delta\mathrm{SD}$ 是受视度筒本身调校精度限制的，为此可采用调校精度高的半透镜视度筒检测。

实验七　光学系统分辨率检测

一、实验目的

(1) 掌握望远镜与照相物镜分辨率的检测原理。

(2) 能正确地设计检测光路并确定相关参数。

二、实验内容及所用器具

（1）检测望远镜分辨率。

（2）分别检测照相物镜零视场的目视分辨率以及 0.7 视场和全视场的子午、弧矢方向目视分辨率。

（3）所用器具：装有分辨率板的平行光管、观察显微镜、前置镜、物镜夹持器及调节点机构、待测望远镜、照相物镜。

三、实验原理及方法

1. 栅格状分辨率板

望远系统分辨率是以将物方刚好分辨开的远方两物点的角距离表示，而照相物镜则以像面上刚能分辨的每毫米线对数 N 表示。分辨率最常用的是栅格状分辨率板，它共有 7 块板（编号为 $A_1 \sim A_7$），每块分辨板由线宽递减的 25 个单元（序号 1，2，3，…，25）组成一个大正方形，每单元又由 4 个不同方向的线条组排成一个小正方形，参看图 7.8(a)。通常将分辨率板置于平行光管物镜焦面上，以形成无限远的检测标志。

2. 望远镜分辨率的检测

望远镜分辨率检测光路如实验图 7.1 所示。将选定的分辨率板置于优质平行光管物镜焦面处，由光源经聚光镜毛玻璃均匀照亮分辨率板。将待测望远镜视度归零，并置于平行光管与前置镜之间（前置镜入瞳应大致位于待测望远镜出瞳处），调三者共轴，则在前置镜视场中可以看到放大的分辨率图案像。检测时应由线条粗的分辨单元顺序地向线条细的单元观看，以刚好能同时看清四个方向线条的单元组号为准，查得对应的线宽 b，由下式求得待测望远镜的角分辨率：

$$\alpha = \frac{2b}{f'_c} \times 206265''$$ (20)

式中，f'_c 为平行光管物镜的实际焦距。

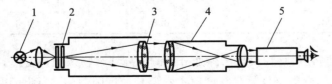

1—光源；2—分辨率板；3—平行光管物镜；4—望远镜；5—前置镜

实验图 7.1 望远镜分辨率检测光路图

检测前置镜倍率 Γ 的选择应满足

$$\Gamma \geqslant (1 \sim 2)\frac{D}{\Gamma_T} \approx (1 \sim 2)D'$$ (21)

式中：Γ_T 为待测望远镜的视放大率；D，D' 分别为待测望远镜入瞳直径和出瞳直径。

在检测分辨率的同时，还应根据分辨率图案像清晰程度、有否有彩色边缘、透明线光晕、相互垂直的线条是否同时清晰、线条变形或线间距不均、出现重像等情况估计被测系统的像质。

3. 照相物镜目视分辨率的测量

照相物镜目视分辨率的检测光路如实验图 7.2 所示，通常是在光具座上进行的。将分辨率板置于优质平行光管物镜的焦面处，待测照相物镜装在夹持器上。要求夹持器能定位在某一视场角位置处，还可带动物镜沿轴向移动，以将其后节点调到垂直转轴上，观测显微镜能沿轴向移动。

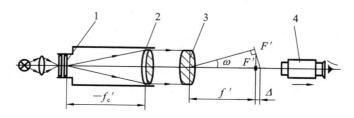

1—分辨率板；2—平行光管物镜；3—待测物镜；4—观测显微镜

实验图 7.2　检测照相物镜分辨率的光路图

1）轴上点零视场目视分辨率的检测

调待测照相物镜，使其与平行光管、显微镜共轴。再微调观察显微镜，使分辨率图案像位于视场中央，找出刚能分辨四个方向线条的单元号，查得线宽 b，则轴上点目视分辨率 N 为

$$N = \frac{1}{2b} \frac{f_c'}{f'} \tag{22}$$

式中：f_c' 为平行光管物镜的实际焦距；f' 为待测照相物镜焦距。

观察显微镜的倍率 Γ 按下式计算：

$$\Gamma = (250 \sim 500) \frac{D}{f'} \tag{23}$$

式中，D/f' 为待测照相物镜的相对孔径。

2）轴外目视分辨率的测量

为保证在同一像面上检测分辨率，先将待测测物镜的后节点调到夹持器的垂直转轴上，并使物镜转到待测的视场角 ω，观察显微镜相应沿光轴向后移动 $\Delta = f'(\sec\omega - 1)$ 距离。

通过观测显微镜分别找出线条在垂直子午方向和沿子午方向刚能分辨开的单元号，查得对应的线宽 b_t 与 b_s，则该视场角 ω 下的子午方向和弧矢方向分辨率分别为

$$N_t = \frac{1}{2b_t} \frac{f_c'}{f'} \cos^2\omega$$
$$N_s = \frac{1}{2b_s} \frac{f_c'}{f'} \cos\omega \tag{24}$$

同样可测出其它视场角下的 N_t、N_s，画出所测物镜的分辨率随视场角的变化曲线。

参 考 文 献

[1]　光学测量与仪器编辑组. 光学测量与仪器. 北京：国防工业出版社, 1978

[2]　苏大图, 等. 光学测量与象质鉴定. 北京：北京工业学院出版社, 1988

[3]　王文生. 干涉测试技术. 北京：兵器工业出版社, 1992

[4]　O B 考洛米佐夫. 干涉仪的理论基础及应用. 李承业, 等, 译. 北京：技术标准出版社, 1982

[5]　D 马拉卡拉. 光学车间检验. 白国强, 等, 译. 北京：机械工业出版社, 1983

[6]　于美文. 光学全息及信息处理. 北京：国防工业出版社, 1983

[7]　黄清渠. 几何量计量. 北京：机械工业出版社, 1981

[8]　孙祖宝. 量仪设计. 北京：机械工业出版社, 1982

[9]　徐德衍. 剪切干涉仪及其应用. 北京：机械工业出版社, 1987

[10]　杨志文, 等. 光学测量. 北京：理工大学出版社, 1995

[11]　杨国光. 近代光学测试技术. 北京：机械工业出版社, 1987

[12]　史大椿. 光学测量与应用光学实验. 北京：机械工业出版社, 1992

[13]　GB903－87. 无色光学玻璃. 北京：中国标准出版社, 1989

[14]　阎智春, 等. 一种光学玻璃折射率自动测量方法. 光学机构, 1987

[15]　李锡善, 等. 自动 V 棱镜折射仪. 仪器仪表学报, 1992